AF474497

COURS DE CHIMIE

ENSEIGNEMENT SECONDAIRE DES JEUNES FILLES

Enseignement Secondaire des Jeunes Filles

COURS DE CHIMIE

CONFORME

Aux programmes des Lycées et Collèges de Jeunes Filles

PAR

Mme L. GOSSE-FABIN & Mlle B. GAUTIER

ANCIENNE ÉLÈVE DE L'ÉCOLE NORMALE
SUPÉRIEURE DE SÈVRES
PROFESSEUR AGRÉGÉE AU LYCÉE
DE BORDEAUX

ANCIENNE ÉLÈVE DE L'ÉCOLE NORMALE
SUPÉRIEURE DE FONTENAY-AUX-ROSES
PROFESSEUR A L'ÉCOLE NORMALE
D'INSTITUTRICES DE [illegible]

CINQUIÈME ANNÉE

Préface de M. MATIGNON

PROFESSEUR A L'ÉCOLE NORMALE SUPÉRIEURE DE SÈVRES

PARIS
LIBRAIRIE CLASSIQUE FERNAND NATHAN
18, RUE DE CONDÉ (6e)

1909

Tout ouvrage non revêtu de ma griffe sera réputé contrefait.

Fernand Nathan

PRÉFACE

L'expérience des examens montre nettement que les candidats font généralement en chimie beaucoup plus appel à leur mémoire qu'à leur intelligence. La chimie semble leur apparaître comme une accumulation de faits et de recettes pour la plupart isolés et sans liaison. Cependant les propriétés des corps tant physiques que chimiques ne sont pas sans dépendance entre elles, et la connaissance de quelques-unes doit conduire à la connaissance des autres.

Dégager les propriétés fondamentales des espèces chimiques ou des groupes d'espèces chimiques, en déduire logiquement les propriétés secondaires en mettant en évidence les liens qui unissent celles-ci aux premières, tel doit être le but de l'enseignement de la chimie.

Le cours rédigé par Mme Gosse-Fabin et Mlle Gauthier conformément aux programmes de l'enseignement secondaire des jeunes filles répond entièrement à ces désidérata. Les élèves y apprendront à raisonner en chimie; elles reconnaîtront l'enchaînement des idées et, en possession de quelques faits essentiels, elles pourront s'orienter, sans grand effort de mémoire, au milieu des phénomènes chimiques.

Ce n'est pas là d'ailleurs le seul mérite de cet excellent ouvrage. Les auteurs ont présenté la chimie telle qu'elle est en réalité : une science dont le but immédiat est sans doute d'étudier les lois de certains phénomènes naturels avec toutes leurs conséquences, mais encore d'utiliser ces lois et ces conséquences à l'amélioration des conditions pratiques de la vie Aussi ont-elles souligné tout particulièrement les propriétés des corps sur lesquelles sont basées les applications et fait ressortir l'importance économique des produits industriels.

Je remarque, par exemple, que ce livre contient la valeur marchande de l'acide sulfurique. C'est là une heureuse initiative. Comment comprendre les différents rôles de l'acide sulfurique sans tenir compte de cette valeur ; ses applications sont fonction non seulement de ses propriétés, mais encore de son prix de revient, et c'est surtout ce dernier qui en limite les emplois. Chacun sait, en effet, que le domaine d'utilisation de tout produit de la grande industrie chimique s'étend davantage chaque fois qu'un perfectionnement vient en abaisser le prix de fabrique.

J'ajouterai en terminant que rien n'a été négligé pour mettre ce cours de chimie au courant des progrès les plus récents de la science.

Camille Matignon.

TABLE DES MATIÈRES

PREMIÈRE PARTIE. — LES MÉTAUX

Pages.

CHAPITRE I. — **Généralités sur les métaux et les alliages** 1
Propriétés pratiques 3
Distinction de trois groupes de métaux 10
Alliages 11
Extraction des métaux 15

CHAPITRE II. — **Généralités sur les oxydes, les hydrates métalliques et les sels** 18
Oxydes 19
Hydrates 23
Sels 25

CHAPITRE III. — **Soude et sels de sodium. — Potasse et sels de potassium** 37
Chlorure de sodium 39
Carbonate de sodium 43
Soude 46
Sodium 48
Chlorure de potassium 49
Carbonate de potassium 50
Potasse 52
Potassium 53

CHAPITRE IV. — **Carbonate de calcium. — Chaux, ciments et mortiers. — Plâtre** 55
Carbonate de calcium 56
Chaux 60
Mortiers et ciments 63
Sulfate de calcium 66
Plâtre 68

CHAPITRE V. — **Verres** 71

CHAPITRE VI. — **Fer, fonte, acier** 79
Métallurgie de la fonte 82
— du fer 87
— des aciers 88
Propriétés et usages du fer 93
— — des fontes 94
— — des aciers 90
Tableau des principaux métaux avec leurs symboles et leurs poids atomiques 99

DEUXIÈME PARTIE. — CHIMIE ORGANIQUE.

Pages.
CHAPITRE I. — **Substances organiques** ... 101
Analyse immédiate ... 102
— élémentaire ... 104
Détermination de la formule d'un composé ... 111
Classification des composés organiques ... 117
Synthèse ... 118
CHAPITRE II. — **Carbures d'hydrogène** ... 121
Série méthanique ... 122
— éthylénique ... 124
— acétylénique ... 125
— aromatique ... 125
Pétroles ... 125
CHAPITRE III. — **Alcool éthylique. — Fonction alcool** ... 131
Alcool éthylique ... 132
Fonction alcool ... 138
CHAPITRE IV. — **Ethers-sels, éther ordinaire** ... 143
Ethers-sels ... 144
Ethers-oxydes ... 147
CHAPITRE V. — **Acides organiques** ... 151
Vinaigre ... 152
Acide acétique ... 155
— oxalique ... 159
CHAPITRE VI. — **Glycérine. — Industrie des corps gras neutres** ... 163
Corps gras naturels ... 164
Glycérine ... 167
Bougies ... 170
Savons ... 173
CHAPITRE VII. — **Glucoses. — Saccharoses** ... 179
Sucres ... 180
Glucoses ... 181
Saccharoses ... 184
Fabrication du sucre ... 186
CHAPITRE VIII. — **Amidon** ... 193
CHAPITRE IX. — **Cellulose. — Papier** ... 199
Cellulose ... 200
Papier ... 203
CHAPITRE X. — **Fermentations. — Boissons fermentées** ... 209
Fermentations ... 210
Vin ... 215
Cidre et poiré ... 217
Bière ... 217
Fabrication des alcools ... 220
Tableau montrant les relations entre les principaux corps de la série grasse ... 223
CHAPITRE XI. — **Amines. — Aniline. — Matières colorantes, teinture** ... 225
Amines ... 226
Aniline ... 226
Matières colorantes et teinture ... 228
CHAPITRE XII. — **Alcoloïdes** ... 233

COURS DE CHIMIE

CINQUIÈME ANNÉE

CHAPITRE I

GÉNÉRALITÉS SUR LES MÉTAUX ET LES ALLIAGES

MÉTAUX USUELS — MÉTAUX PRÉCIEUX

PLAN

1° Propriétés pratiques des métaux

I Propriétés physiques
- *Densité* très variable.
- *Fusibles, malléables, tenaces, ductiles, durs* à des degrés variables.
- *Bons conducteurs* de la chaleur et de l'électricité.
- S'écrouissent quand on les travaille (sauf plomb et étain).

II Propriétés chimiques
- ***Action de l'air :***
  - *a) A la température ordinaire*
    - Métaux qui *s'altèrent très rapidement* (potassium, sodium, calcium). Ne sont donc pas pratiques.
    - Métaux qui *s'altèrent lentement :* fer, zinc, cuivre, etc. Moyens de préserver les métaux de l'altération.
      - Couche de peinture.
      - Email.
      - Couche d'un métal moins altérable (fer, zinc, nickel).
    - Métaux qui *ne s'altèrent pas :* or, argent, platine.
  - *b) Quand on chauffe*
    - Tous les métaux s'oxydent, sauf l'or, l'argent, le platine.

III Propriétés physiologiques
- Métaux vénéneux ou dont les sels le sont : *zinc, plomb, cuivre.*

2° Distinction de 3 groupes de métaux

1° Métaux très altérables (potassium, sodium, calcium) ;
2° Métaux usuels, *s'altèrent lentement à l'air :* fer, cuivre, zinc, aluminium, plomb, etc. ;
3° Métaux précieux, *ne s'altèrent pas à l'air* (sauf le mercure). Ce sont : l'argent, l'or, le platine.

3° Alliages

I Utilité des alliages
- Ont des propriétés différentes de celles des métaux qui les constituent ; peuvent ainsi servir à de nombreux usages.

II Préparation
- On fond ensemble les métaux à allier.

III Propriétés	Plus fusibles, plus durs, moins ductiles et moins malléables que les métaux alliés. Ce sont des mélanges de combinaisons.
IV Principaux alliages	Ceux de *cuivre* sont les plus nombreux.

4° Extraction des métaux

Existence des métaux dans le *sol*	A l'état libre ou *état natif* : or, cuivre, mercure. A l'état de combinaison appelée *minerai* : fer, zinc, plomb, étain, etc.

But de la *métallurgie* : extraire le métal de son minerai.

Deux manières d'extraire le métal du minerai { Traitement *chimique*. Traitement *électrolytique*.

1. Distinction entre les métaux et les métalloïdes.

Les métaux sont des corps simples doués, quand ils sont polis, d'un éclat particulier appelé **éclat métallique.** Ils conduisent bien la chaleur et l'électricité. Nous avons vu (4e année) que ce qui les distingue surtout des métalloïdes, c'est qu'avec l'oxygène ils donnent *au moins un oxyde* **basique.** Nous pouvons ajouter, comme autre différence importante, que *tous* les métalloïdes se combinent avec l'hydrogène et donnent des composés *volatils* (**HCl, H^2S, H^2O, AzH^3, CH^4**, etc.); tandis que **peu** de métaux se combinent à l'**hydrogène,** et que les hydrures connus ne sont **pas volatils.**

La distinction entre métalloïdes et métaux est d'ailleurs tout artificielle, car il arrive assez souvent que des corps rangés parmi les métaux ressemblent beaucoup à des métalloïdes par quelques-unes de leurs propriétés : ainsi l'étain se rapproche du carbone et du silicium ; l'antimoine se rapproche de l'arsenic, etc. Aussi cette distinction, conservée jusqu'à présent parce qu'elle est commode dans l'état actuel de nos connaissances, disparaîtra-t-elle certainement quand les propriétés chimiques de tous les métaux seront connues.

Au point de vue des *applications*, il y a deux catégories de métaux.

Les uns *sont surtout importants par eux-mêmes* ; on les

emploie journellement à des milliers d'usages divers. Il suffit de jeter un coup d'œil autour de soi pour se rendre compte qu'il n'est presque aucun objet où n'entre un métal pour une part plus ou moins grande : fer, cuivre, zinc, plomb, étain, etc. Il résulte de ce fait que ce qui intéresse le plus dans les propriétés des métaux de ce groupe, ce sont avant tout leurs **propriétés pratiques**, c'est-à-dire celles qui permettent d'employer ces corps dans la vie courante.

Les autres métaux servent rarement à l'état de corps simple, mais sont presque toujours employés à l'état de composés comme le sont les métalloïdes (*potassium*, *sodium*, *calcium*).

PROPRIÉTÉS PRATIQUES DES MÉTAUX

2. État.

Tous les métaux sont solides, sauf le mercure, qui est liquide à la température ordinaire. Il en résulte que le mercure n'est pas un métal usuel, mais ne peut être employé qu'à des usages restreints (construction des baromètres, des thermomètres, des manomètres, etc., expériences de laboratoire).

3. Couleur.

La couleur n'est pas, à proprement parler, une propriété pratique, mais elle permet de *reconnaître* les divers métaux. Ils sont en général opaques, au moins sous une épaisseur suffisante. La plupart sont blancs ou gris : le plomb est gris bleuâtre; l'étain est blanc d'argent ; le zinc est d'un blanc bleuté, etc. Quelques-uns ont une couleur prononcée : le cuivre est rouge, l'or est jaune.

4. Densité.

La densité des métaux est très variable; le potassium et

le sodium sont plus légers que l'eau. La densité de l'aluminium est 2,56 ; celle du cuivre, 8,79 ; celle de l'or, 19,25 ; celle du platine, 21,5 (c'est le plus dense de tous les métaux), etc. La connaissance de la densité permet de reconnaître si un métal est pur ou ne l'est pas, et de distinguer l'un de l'autre deux métaux : l'or du cuivre par exemple.

5. Fusion et volatilisation.

Tous les métaux fondent et se volatilisent à des températures plus ou moins élevées. L'étain est le plus fusible de tous les métaux usuels, il fond à 233° ; le platine, un des moins fusibles des métaux, ne fond qu'à 1.775°. La volatilité très grande de quelques métaux permet de les purifier par distillation.

6. Conductibilité.

De tous les métaux, l'argent et le cuivre conduisent le mieux la chaleur et l'électricité. C'est pourquoi les alambics, les chaudières d'évaporation des sucreries, certains ustensiles de cuisine, sont en cuivre (on n'emploie pas l'argent, trop coûteux). De même, les fils conducteurs des courants électriques sont souvent faits avec du cuivre.

7. Dureté.

Un métal est d'autant plus dur qu'il se laisse moins facilement rayer. Le potassium et le sodium sont mous comme de la cire. Le plomb, qui se laisse rayer par l'ongle, est plus mou que l'argent et l'or, qui sont rayés par le calcaire ; ceux-ci sont moins durs que le zinc et le fer. Le manganèse est très dur ; il raye l'acier trempé, etc. Le choix d'un métal pour la fabrication d'un objet varie, entre autres choses, avec la dureté que doit avoir cet objet ; ainsi, pour les outils très durs, on emploie des aciers renfermant un peu d'un métal ayant beaucoup de dureté, tel que le chrome, le nickel, etc.

8. Ténacité.

Un métal est d'autant plus tenace qu'il offre une plus grande résistance à la rupture. On peut comparer la ténacité des métaux en cherchant le nombre de kilogrammes qu'il faut suspendre à des fils de 1 millimètre carré de section pour en déterminer la rupture. On trouve que pour le fer il faut 65 kilogrammes, tandis que pour le plomb il suffit de $2^{kg},8$; le plomb est le moins tenace, et le fer est l'un des plus tenaces des métaux.

9. Malléabilité.

On dit qu'un métal est malléable quand il peut, sans se déchirer, être transformé en lames minces sous l'action du

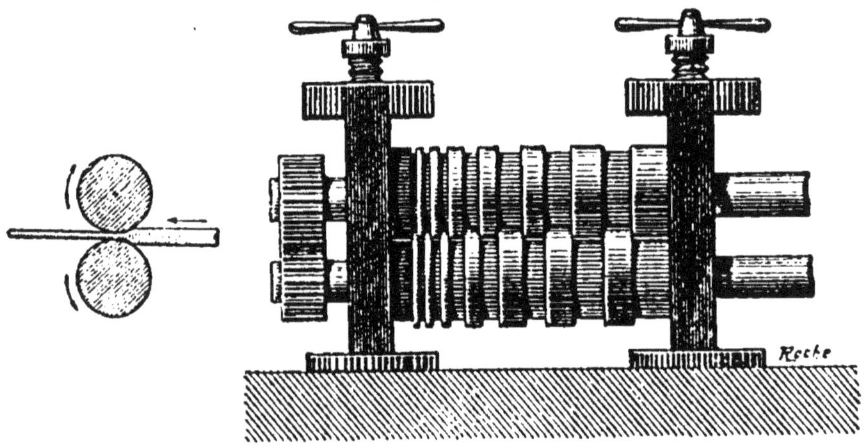

FIG. 1. — Laminoir. A gauche, coupe des deux rouleaux et de la barre à laminer.

marteau ou du laminoir. Un métal non malléable est dit *cassant*.

Un *laminoir* se compose de deux rouleaux d'acier, qui tournent en sens inverse et qu'on peut rapprocher plus ou moins l'un de l'autre (*fig.* 1). On commence par leur donner un écartement un peu moindre que l'épaisseur de la barre qu'on veut laminer ; puis, après avoir aminci celle-ci à une de ses extrémités, on l'engage entre les deux cylindres qui l'entraînent dans leur mouvement et l'aplatissent. On peut y faire passer de nouveau la barre après avoir rapproché un peu plus les cylindres. En répétant cette opération et en employant, s'il y a lieu, plusieurs laminoirs, on obtient des lames de moins en moins épaisses, qu'on appelle des feuilles quand elles sont très minces. C'est ainsi qu'avec l'or on peut obtenir des feuilles si peu épaisses qu'il en faut 25.000 pour avoir une épaisseur de 1 millimètre. L'argent, l'aluminium, l'étain, le cuivre, sont aussi très malléables ; au contraire, le bismuth est cassant.

10. Ductilité.

On dit qu'un métal est ductile quand on peut facilement l'étirer en fils. Pour fabriquer ces fils on emploie la *filière*. C'est une plaque d'acier percée de trous coniques, de diamètres différents (*fig.* 2). En forçant la barre métallique à passer à travers des trous de plus en plus fins, elle s'amincit de plus en plus, et ainsi l'on peut obtenir des fils de la grosseur voulue. C'est de cette façon que se fabriquent les fils de fer, de laiton, les cordes métalliques pour pianos, les fils d'or et d'argent pour galons, etc.

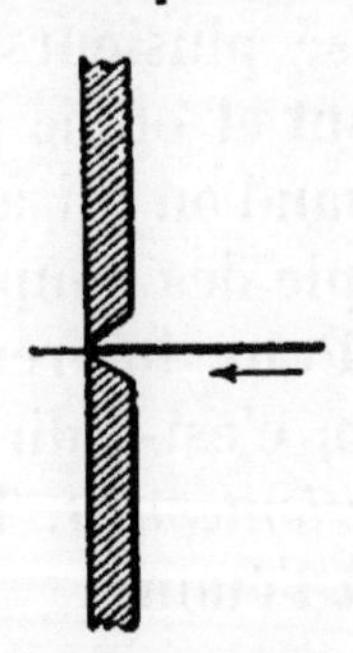

Fig. 2. — Filière. En haut, coupe faite dans un trou ; en bas, plaque vue de dessus.

Il n'y a *de ductiles que les métaux malléables* ; mais la ductilité dépend aussi de la *ténacité* (les métaux, en passant dans la filière, subissent en effet une traction assez forte).

Ainsi le plomb et l'étain, bien que très malléables, sont

peu ductiles parce qu'ils sont peu tenaces. On peut cependant obtenir des fils de plomb par le procédé suivant : on comprime le métal à l'aide d'une presse hydraulique dans un cylindre d'acier chauffé par des foyers latéraux f, f', qui maintiennent le plomb à l'état de fusion (*fig.* 3). A la partie supérieure du cylindre se trouve une ouverture circulaire du diamètre du fil qu'on veut obtenir ; le plomb fondu, fortement comprimé, sort par cette ouverture et se solidifie dès qu'il est à l'air. Un procédé analogue est employé pour faire les tuyaux de plomb.

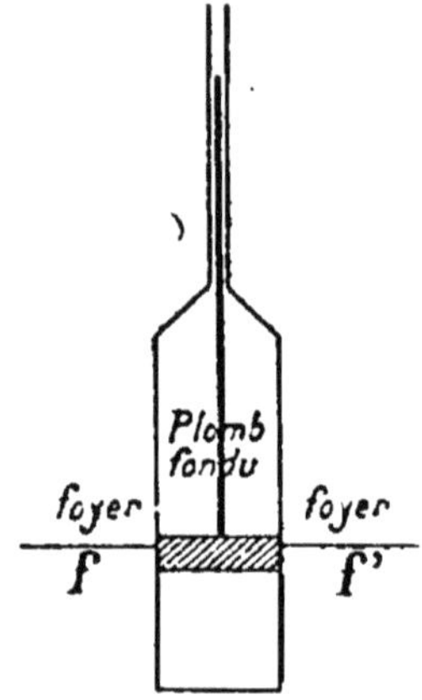

Fig. 3. — Appareil servant à fabriquer des tuyaux de plomb.

11. Écrouissage.

Souvent un métal, après avoir été passé plusieurs fois au laminoir ou à la filière, devient cassant et on ne peut plus continuer à le travailler ; de même quand on lui a fait subir des chocs répétés, comme par exemple des coups de marteau. On dit que le métal **s'écrouit**. Pour lui rendre ses propriétés primitives, il faut le **recuire**, c'est-à-dire le chauffer au rouge, puis le laisser refroidir *lentement*. Tous les métaux s'écrouissent, sauf le plomb et l'étain.

12. Propriétés chimiques ayant une importance pratique.

Action de l'air. — L'action de l'air est très importante à considérer, car les métaux sont sans cesse au contact de l'air. — Nous envisagerons deux cas, suivant que le métal reste à la température ordinaire, ou qu'il est chauffé.

1° A la température ordinaire. — Le potassium, le sodium, le calcium s'altèrent **rapidement** dans l'air parce qu'ils décomposent la *vapeur d'eau* et se transforment en une base :

potasse, soude, chaux, baryte. Aussi ces métaux ne sont-ils pas du tout pratiques ; nous avons vu d'ailleurs que le potassium et le sodium sont beaucoup trop mous pour pouvoir être utilisés. *Ils font partie du groupe de métaux importants par leurs composés.*

Presque tous les autres métaux s'altèrent **lentement** à l'air; seuls, l'argent, l'or et le platine sont inaltérables. Le fer, par exemple, se recouvre à l'air d'une couche de rouille, qui est de l'hydrate ferrique; le zinc; le cuivre, le plomb, se ternissent parce qu'à leur surface, ils se transforment en hydrocarbonate, etc.

Souvent l'altération n'est que superficielle, parce que le corps produit forme à la surface du métal une couche *imperméable* : ainsi pour le zinc, le cuivre et le plomb. Mais il n'en est pas de même avec le fer. La rouille étant poreuse ne protège pas suffisamment le métal, qui, par l'action prolongée de l'air, se transforme lentement, mais **complètement** en rouille.

L'altération de tous ces métaux par l'air est, au point de vue chimique, assez complexe ; qu'il nous suffise de savoir que non seulement l'oxygène, mais aussi la vapeur d'eau et le gaz carbonique de l'air concourent à cette altération.

2° **Action de l'air lorsqu'on chauffe le métal.** — Tous les métaux, sauf l'or et le platine, s'oxydent lorsqu'on les chauffe à l'air. Le magnésium s'enflamme ; aussi ne pourrait-on pas l'employer pour fabriquer des objets qui doivent aller au feu. Le cuivre se recouvre d'une couche d'oxyde d'abord rouge, puis noire : c'est ce qui explique que le feu ternisse les ustensiles de cuisine ou les chaudières de cuivre.

13. Propriétés physiologiques des métaux et de leurs composés.

Pour choisir les métaux qui devront servir à faire des ustensiles de cuisine, il est important de savoir quels sont ceux qui sont vénéneux ou qui peuvent, avec certains aliments, donner des composés vénéneux.

Le *zinc* n'est jamais employé pour faire des ustensiles de cuisine, ni pour les recouvrir, parce qu'il forme avec le sel marin et les acides (vinaigre) des *sels vénéneux*.

Les sels *d'étain sont inoffensifs* quand ils sont absorbés à petite dose ; c'est pourquoi on peut employer des couverts, des plats d'étain, et étamer les ustensiles de fer ou de cuivre.

Le **plomb est extrêmement vénéneux,** ainsi que tous ses composés ; aussi ne doit-on jamais faire cuire ou conserver des aliments dans des poteries grossières vernissées, car de l'oxyde de plomb entre dans la composition de ce vernis, et les acides ou les corps gras l'attaquent en formant des sels de plomb solubles. — De même il ne faut jamais recueillir l'eau de pluie dans des citernes de plomb, car le plomb se transforme au contact de cette eau en hydrocarbonate qui est très peu soluble dans l'eau, mais l'est assez cependant pour la rendre toxique.

C'est pour la même raison que les eaux de pluie qui ont passé sur les toitures de plomb doivent être rejetées de l'alimentation.

Remarque. — On emploie sans inconvénient des tuyaux de plomb pour conduire les eaux de source ou de rivière, car elles renferment des sels, — sulfates et chlorures, — qui recouvrent immédiatement le plomb d'une couche protectrice de sels insolubles ; l'eau circule dans cette gaine sans se charger de sels de plomb.

Le *cuivre* n'est pas vénéneux ; mais ses composés le sont. Or, à l'air humide, ce métal se recouvre d'une couche de vert-de-gris (hydrocarbonate de cuivre), et au contact des corps gras ou des acides, il forme aussi des sels vénéneux. Il y a donc du danger à laisser séjourner des aliments acides ou gras dans des vases de cuivre, et d'ailleurs on devrait toujours faire étamer à l'intérieur les ustensiles de cuisine en cuivre.

DISTINCTION DE 3 GROUPES DE MÉTAUX

11. L'étude que nous venons de faire des propriétés des métaux suffit à nous faire comprendre que tous n'ont pas la même importance pratique :

1° Le potassium, le sodium, le calcium et leurs analogues, trop mous et trop altérables, n'ont aucune utilité pratique; mais leurs composés ont une grande importance.

2° Parmi les autres, il en est, tels que le fer, le cuivre, le zinc, le plomb, l'étain qui s'altèrent lentement à l'air, mais qui ont tant d'autres qualités pratiques qu'on les emploie malgré cette altération à des foules d'usages. Ils constituent les **métaux usuels.**

3° D'autres, l'or, l'argent, le platine, ne *s'altèrent pas à l'air, quelle que soit la température ;* ils sont inoxydables. On les appelle pour cette raison **métaux nobles ou métaux précieux** ; leur valeur est due surtout, en effet, à leur inaltérabilité en même temps qu'à leur rareté. Le mercure, rare aussi, est classé dans les métaux précieux, bien qu'il s'altère superficiellement à l'air.

Il est bien évident que les usages d'un métal varient avec ses propriétés. De tous les métaux, c'est le **fer** qui est le plus employé, car il réunit un grand nombre de qualités pratiques : il est ductile, malléale, très tenace ; il peut, à l'état pâteux, prendre toutes les formes sous le marteau et se souder à lui-même. Le **cuivre** est aussi ductile, malléable et tenace ; mais il se prête mal au moulage. Presque tous les usages du cuivre pur sont une application de sa grande conductibilité. Le **zinc** est malléable entre 100 et 130° ; comme il est d'autre part assez peu dense ($d = 6,86$), on en fait des lames minces pour couvrir les toits : la toiture ainsi obtenue est beaucoup plus légère que celles qu'on fait avec des lames de plomb, des ardoises ou des tuiles. Le zinc se moule facilement, ce qui le fait employer pour fabriquer des baignoires, des seaux, des gouttières, etc. **L'aluminium**, grâce à ses qualités spéciales, sert à fabriquer des objets qui doivent être en même temps légers, tenaces et presque inaltérables; montures de lunettes, de longues-vues, couverts; ses composés très répandus dans la nature sont aussi très utilisés. Comme le **plomb** est mou et flexible, on en fait des tuyaux de conduite d'eau et de gaz, qu'on peut courber comme on le veut, et des fils pour fixer les branches des arbres ou les tiges des plantes à leur support. Sa grande malléabilité le fait employer pour couvrir les toits.

Presque tous les usages des métaux précieux viennent de ce qu'ils sont inaltérables, en même temps que ductiles et malléables (bijoux d'or ou d'argent); le **platine**, ne fondant qu'à **1.775°**, sert à faire des creusets, des capsules pour les réactions qui doivent avoir lieu à des températures élevées.

ALLIAGES

15. Utilité des alliages.

En passant en revue tous les métaux usuels ou précieux, comme nous venons de le faire pour quelques-uns, nous verrions que leurs qualités diverses permettent de les employer à une foule d'usages. Cependant ils ne répondent pas toujours à toutes les conditions qu'exige un usage donné: ainsi, l'or et l'argent, bien qu'ils soient ductiles, malléables et inaltérables, ne pourraient pas servir à l'état pur pour la fabrication des monnaies, parce qu'ils sont trop mous. Pour faire les caractères d'imprimerie, aucun métal isolé ne convient parce qu'il faut un corps à la fois facilement fusible, assez dur sans être cassant, capable de prendre nettement l'empreinte des moules; or, aucun métal pur ne réunit toutes ces conditions.

Mais on peut unir entre eux plusieurs métaux, et obtenir ainsi des **alliages**, dont les propriétés pratiques sont différentes de celles des métaux qui les constituent. Ainsi, en modifiant, soit la **nature** des métaux qui entrent dans un alliage, soit les **proportions** de ces métaux, on peut obtenir des corps ayant les propriétés désirées. Exemple : l'antimoine est trop cassant, le plomb trop mou pour faire des caractères d'imprimerie; mais l'alliage de 4 parties de plomb et 1 partie d'antimoine, à la fois assez fusible et assez dur sans être cassant, donne de bons résultats.

Les alliages ne sont donc pas autre chose, au point de vue industriel, que de nouveaux métaux dont le nombre est pour ainsi dire illimité, et dont les propriétés sont extrêmement variées. On conçoit, d'après cela, que les alliages comptent parmi les corps les plus utiles.

16. Préparation.

Pour obtenir un alliage, on fond ensemble les métaux qu'on veut allier, en ayant soin de les recouvrir de poussière de charbon, pour empêcher leur oxydation. Si l'un des métaux est volatil, on ne l'ajoute qu'au moment où les autres sont déjà fondus.

17. Propriétés.

Les alliages ont l'aspect métallique ; ils sont, en général, plus fusibles que le moins fusible des métaux qui les constituent, plus durs, moins ductiles, moins malléables, moins tenaces que ces métaux. Souvent aussi ils sont moins oxydables que les métaux qu'ils renferment ; cependant, lorsque les oxydes de deux métaux peuvent former entre eux une combinaison, l'altération de leur alliage à l'air est plus rapide que celle des métaux isolés.

La chaleur décompose les alliages qui contiennent un métal volatil ; il en est ainsi pour les alliages renfermant du mercure (*amalgames*) ; cette propriété est appliquée dans la préparation de l'or et de l'argent, pour séparer le métal des matières étrangères auxquelles il est mélangé ; on y ajoute du mercure qui forme un amalgame liquide facile à séparer des matières solides que contenait l'or ou l'argent ; il suffit ensuite de chauffer l'alliage obtenu pour que le mercure se volatilise et que le métal soit isolé.

Dans un alliage, les métaux peuvent exister en toutes proportions, comme s'il s'agissait d'un simple mélange. Cependant les alliages sont, en réalité, de véritables **combinaisons**, en proportions définies, dissoutes ordinairement dans un excès de l'un des métaux. Le phénomène de la **liquation** le prouve : lorsqu'un alliage est fondu, si on le laisse refroidir lentement, on constate, en y maintenant un thermomètre, que la température s'abaisse d'abord d'une façon continue ; puis elle reste stationnaire quelques instants, et, pendant tout ce temps, une partie du liquide se solidifie en donnant un composé bien défini et cristallisé. Si on enlève ce composé et qu'on laisse encore refroidir le liquide, le même phénomène peut se produire plusieurs fois et, en dernier lieu, c'est l'excès de métal dans lequel étaient dissous ces alliages qui se solidifie.

Conséquences pratiques. — Toutes les fois qu'on veut obtenir en grande masse un alliage homogène, il faut, pour éviter la liquation, refroidir **brusquement** l'alliage fondu, ou le **comprimer** pendant son refroidissement. La liquation est utilisée en métallurgie pour retirer l'argent qui existe en petite quantité dans le plomb ou le cuivre. Du plomb argentifère fondu et refroidi lentement se sépare en deux parties : l'une, plus riche en plomb que l'alliage primitif, cristallise ; l'autre, plus riche en argent que cet alliage, reste liquide. Si on sépare ces deux parties et si l'on soumet chacune d'elles à une nouvelle fusion suivie d'un nouveau refroidissement, le même phénomène se produit, de sorte qu'on arrive à avoir : d'un côté, un alliage de plus en plus pauvre en argent, de l'autre, un alliage de plus en plus riche duquel on peut retirer l'argent avantageusement.

18. Principaux alliages usuels.

Le **cuivre** est l'un des métaux les plus employés à l'état d'alliages. Pur, il fond difficilement et se prête mal au moulage ; ses alliages, surtout les **bronzes** et le **laiton**, sont plus fusibles, plus durs que lui et se moulent plus facilement. C'est grâce à ses alliages que le cuivre occupe une place si importante parmi les métaux ; il vient en second lieu, immédiatement après le fer.

Les bronzes ont des compositions variables suivant l'usage auquel on les destine ; ils renferment presque toujours de l'étain et servent à faire des cloches, des statues, des monnaies, des médailles, etc. ; le bronze d'aluminium, jaune d'or, est aussi tenace et aussi facile à travailler que le fer ; on l'emploie beaucoup en orfèvrerie.

Le laiton ou *cuivre jaune*, formé de cuivre et de zinc, sert à faire des épingles, des ustensiles de ménage, des appareils de physique, des robinets, des instruments de musique et bien d'autres objets.

Le cuivre entre encore dans la composition des alliages d'or et d'argent, et dans celle du *maillechort*, employé pour faire des couverts, des théières, des garnitures de sellerie, des éperons, etc.

Le tableau suivant indique la composition des alliages les plus employés :

Alliage	Métal	Proportion
Monnaies d'or	Or	900
	Cuivre	100
Bijouterie d'or	Or	750
	Cuivre	250
Monnaies d'argent (pièces de 5 francs)	Argent	900
	Cuivre	100
Monnaies d'argent (pièces de 2 francs ; 1 franc, 50 centimes, 20 centimes)	Argent	835
	Cuivre	165
Vaisselle et médailles d'argent	Argent	950
	Cuivre	50
Bijouterie d'argent	Argent	800
	Cuivre	200
Bronze des monnaies et des médailles	Cuivre	95
	Étain	4
	Zinc	1

Bronze d'aluminium	Aluminium	10
	Cuivre	90
Bronze des cloches	Cuivre	78
	Étain	22
Laiton ou cuivre jaune	Cuivre	67
	Zinc	33
Maillechort	Cuivre	50
	Zinc	25
	Nickel	25
Métal anglais	Étain	88.5
	Antimoine	7
	Bismuth	1
	Cuivre	3.5
Caractères d'imprimerie	Plomb	80
	Antimoine	20
Mesures d'étain (litre, décilitre, etc.	Plomb	10
	Étain	90
Soudure des plombiers	Étain	67
	Plomb	33

EXTRACTION DES MÉTAUX

19. Minerais:

Les métaux existent dans le sol, parfois à l'état libre (*état natif*) : or, cuivre, mercure ; le plus souvent en combinaisons appelées *minerais :* ainsi le fer s'y trouve à l'état d'oxyde, de carbonate, de sulfure ; le zinc à l'état de sulfure (blende) et de carbonate (calamine) ; le plomb à l'état de sulfure ou galène ; le cuivre existe surtout à l'état de pyrite cuivreuse, sulfure double de cuivre et de fer, etc.

20. Métallurgie.

Extraire le métal du minerai constitue la métallurgie. Or, le minerai renferme toujours, outre le composé du métal, une quantité plus ou moins grande de matières étrangères qui l'empâtent et qui constituent la **gangue.** La première partie du traitement métallurgique consiste à séparer le minerai de la gangue : c'est un **traitement mécanique;** nous l'étudierons à propos de la métallurgie du fer. Le deuxième traitement est destiné à extraire le métal de son composé : c'est le plus souvent un **traitement chimique.** L'opération varie avec la nature du minerai et celle du métal ; on peut dire seulement que si l'on a affaire à des oxydes, on les réduit ; si l'on a des sulfures ou des carbonates, on les grille à l'air et le plus souvent ils se transforment en oxydes qu'on réduit comme précédemment. Dans la pratique, on n'arrive souvent à ce résultat que par des opérations longues et compliquées (§ 24).

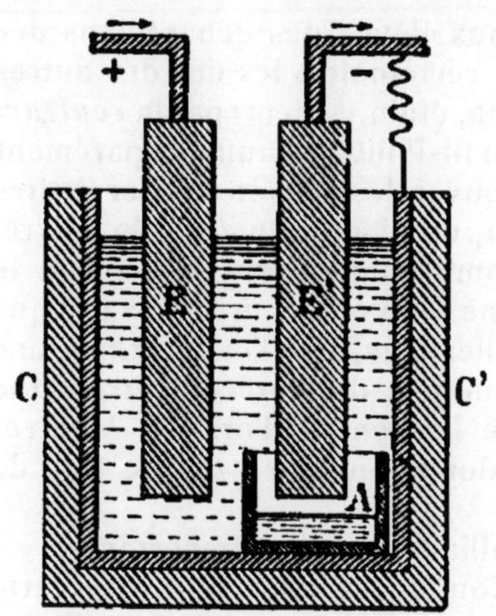

FIG. 4. — Fabrication de l'aluminium par électrolyse.

CC', cuve contenant la cryolithe en fusion ; E, électrode positive ; E', électrode négative. L'aluminium produit à l'électrode négative est recueilli dans le vase A. Le fluor produit à l'électrode positive est retenu par de l'alumine qu'on ajoute au bain.

Dans quelques cas, on extrait le métal de son composé par l'**électrolyse** : ainsi, presque tout l'aluminium se fabrique actuellement en électrolysant un de ses composés naturels, l'alumine, ou la cryolithe (fluorure double d'aluminium et de sodium) (*fig.* 4). Le magnésium s'obtient par l'électrolyse de la *carnallite* fondue, composé naturel qui est un chlorure double de magnésium et de potassium.

De même le zinc peut s'obtenir par l'électrolyse d'une solution ammoniacale de sulfate de zinc. Dans d'autres cas on emploie le procédé électrolytique pour **purifier** un métal brut : exemples, le cuivre, le nickel, le plomb. Supposons en effet qu'on fasse passer un courant électrique dans une dissolution de sulfate de cuivre, en prenant comme électrode positive le cuivre brut à raffiner ; il y a transport de *cuivre pur* de l'électrode positive sur la lame de l'électrode négative, et le cuivre est ainsi isolé des autres métaux avec lesquels il était mélangé.

Toutes les fois qu'on le peut, il y a avantage à employer en métallurgie les procédés électrolytiques, en général plus simples et moins dispendieux que les autres.

21. Expériences. — Montrer aux élèves des échantillons des divers métaux; leur apprendre à reconnaitre les uns des autres les métaux usuels (fer, zinc, plomb, étain, argent) par la *couleur*, la densité, la dureté et aussi par la fusibilité : chauffer séparément dans des coupelles ou dans des couvercles de boites en fer (boites à cirage, par exemple), de l'étain, du plomb, du zinc, du cuivre. On constate que l'étain et le plomb fondent très facilement, le zinc plus difficilement ; le cuivre ne fond pas. Faire constater que le plomb et l'étain sont mous et flexibles, que l'étain exhale une légère odeur par le frottement (moyen de le reconnaître), que l'aluminium est sonore, ainsi que l'argent et l'or, etc. Montrer des *feuilles* d'or, d'argent, d'aluminium ; des *fils* de fer, de cuivre, de nickel, de plomb, etc.

Montrer des échantillons des alliages les plus importants.

Exercice d'observation. — Comme complément de cette leçon, les élèves pourront avoir à observer autour d'elles les métaux usuels, avec leurs propriétés caractéristiques, leurs usages divers; elles chercheront, à mesure qu'elles découvriront un de ces usages, les raisons pour lesquelles tel métal a été employé plutôt que tel autre.

CHAPITRE II

GÉNÉRALITÉS SUR LES OXYDES LES HYDRATES MÉTALLIQUES ET LES SELS

PLAN

1° Oxydes métalliques

I — État naturel
- Abondants dans le sol.
- Principaux oxydes employés comme *minerais* : Oxydes de fer, d'étain, de manganèse, etc.

II — Propriétés
- *a)* Action de l'*eau* : Peu d'oxydes sont solubles dans l'eau (oxydes alcalins et alcalino-terreux).
- *b)* Action de la *chaleur* :
  - Décomposition (bioxyde de baryum).
  - Suroxydation à l'air (massicot).
  - Aucune transformation (magnésie).
- *c)* **Réduction par le charbon ou l'oxyde de carbone** : Application à la métallurgie du fer, du zinc, de l'étain, etc.

III — Classification
- On classe les oxydes d'après leur fonction chimique :
  - Oxydes basiques.
  - Oxydes acides.
  - Oxydes indifférents.
  - Oxydes salins.
  - Oxydes singuliers.

IV — Préparation
- Divers procédés :
  - Oxydation du métal.
  - Décomposition d'un sel par la chaleur.
  - Oxydation ou décomposition partielle d'un autre oxyde.

2° Hydrates métalliques

Les plus importants sont les *hydrates basiques*, qui sont des bases.

Préparation des hydrates basiques.
- Combinaison de l'oxyde et de l'eau : chaux, baryte.
- Décomposition d'un sel par une autre base : préparation de potasse, soude, hydrate de cuivre, etc.

3° Sels

I — Définition et formation
- Combinaison d'un acide et d'une base : sels acides, sels neutres, sels basiques.
- Attaque d'un métal par un acide.

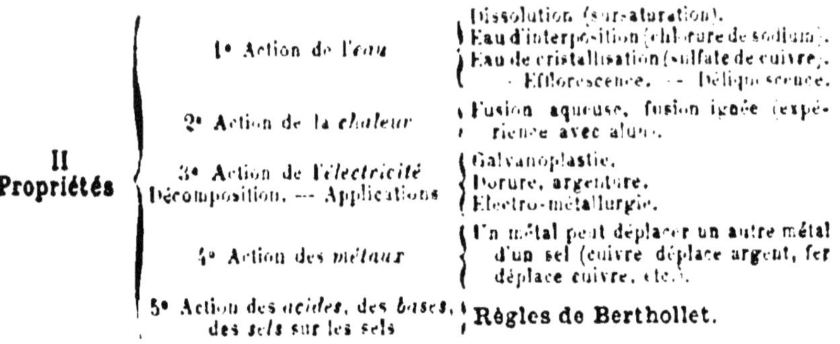

II Propriétés	1° Action de l'*eau*	Dissolution (sursaturation). Eau d'interposition (chlorure de sodium). Eau de cristallisation (sulfate de cuivre). — Efflorescence. — Déliquescence.
	2° Action de la *chaleur*	Fusion aqueuse, fusion ignée (expérience avec alun).
	3° Action de l'*électricité* Décomposition. — Applications	Galvanoplastie. Dorure, argenture. Electro-métallurgie.
	4° Action des *métaux*	Un métal peut déplacer un autre métal d'un sel (cuivre déplace argent, fer déplace cuivre, etc.).
	5° Action des *acides*, des *bases*, des *sels* sur les sels	**Règles de Berthollet.**

I. — OXYDES

22. Nous avons vu que tous les métaux, sauf l'or, l'argent et le platine, peuvent s'oxyder à une température plus ou moins élevée. Les métaux précieux non oxydables ont cependant aussi des composés oxygénés qu'on obtient indirectement. Donc il existe des oxydes de **tous** les métaux; souvent même un métal a plusieurs oxydes.

23. État naturel.

Un grand nombre d'oxydes métalliques existent dans le sol, et plusieurs sont employés comme minerais. Les plus importants sont : les oxydes de fer (*oxyde magnétique*, *ocre rouge*, *limonite*, *fer oolithique*); le bioxyde d'étain ou *cassitérite;* le bioxyde de manganèse ou *pyrolusite*, etc. Ils sont parfois hydratés : alumine hydratée ou *bauxite;* limonite, etc. Quelques oxydes naturels sont cristallisés : fer oligiste, cassitérite, alumine cristallisée (*rubis*, *corindon*, *saphir*, *topaze*).

24. Propriétés.

Les oxydes métalliques sont tous solides à la température ordinaire, le plus souvent pulvérulents, ternes, mauvais conducteurs de la chaleur et de l'électricité. Plusieurs sont blancs, comme la chaux, l'oxyde de zinc, la magnésie ; les autres sont diversement colorés; l'oxyde ferrique est rouge brique, le minium (oxyde de plomb) est rouge orangé; l'oxyde de cuivre est rouge ou noir, etc.

L'eau ne dissout facilement que les oxydes des métaux alcalins et des métaux alcalino-terreux; il y a en réalité combinaison de l'oxyde avec l'eau et formation d'un **hydrate métallique** qui est une **base**; les oxydes de potassium et de sodium s'unissent si facilement à l'eau qu'il est impossible de les garder dans l'air humide, ils se transforment rapidement en potasse et en soude. Tous les autres oxydes sont insolubles dans l'eau, sauf ceux de magnésium, de plomb et d'argent, qui sont légèrement solubles.

Au point de vue chimique, nous étudierons seulement les propriétés des oxydes pouvant avoir quelque importance pratique.

1° ***Action de la chaleur.*** — Les oxydes d'or, d'argent et de platine, qui ne peuvent s'obtenir directement, sont aussi ceux qui se décomposent le plus facilement par la chaleur; ils sont ramenés à l'état métallique. Les autres, ou bien sont indécomposables (magnésie, chaux, baryte, alumine, etc.), ou bien sont seulement décomposés en un oxyde moins oxygéné et en oxygène; ainsi le *bioxyde de baryum* BaO^2 est décomposé au rouge vif en *baryte* **BaO**, et en oxygène. On a, jusqu'à ces dernières années, utilisé cette décomposition pour la fabrication industrielle de l'oxygène (procédé Brin). Le bioxyde de manganèse, chauffé au rouge, se décompose en oxygène et en oxyde salin :

$$\underset{\text{Bioxyde de manganèse}}{3MnO^2} = \underset{\text{Oxygène}}{2O} + \underset{\text{Oxyde salin de manganèse}}{Mn^3O^4}.$$

Si l'on chauffe l'oxyde métallique *au contact de l'air*, il se suroxyde parfois, c'est le phénomène inverse du précédent. Ainsi l'oxyde de plomb ou *massicot* **PbO**, se transforme en une matière rouge orangé qu'on appelle *minium* et qui a pour formule Pb^3O^4 (c'est le principe de la fabrication du minium). La baryte, chauffée au rouge sombre à l'air, se transforme en bioxyde de baryum ; c'est ce qui permettait de retirer en définitive l'oxygène de **l'air** dans le procédé Brin.

2° *Réduction des oxydes par d'autres corps.* — **Le charbon** et **l'oxyde de carbone** réduisent la plupart des oxydes métalliques (3e année). On applique cette propriété dans la métallurgie du fer, du zinc, de l'étain ; dans l'extraction du cuivre de son sous-oxyde ou de son carbonate, etc.

L'aluminium réduit aussi beaucoup d'oxydes métalliques; cette propriété est importante, car elle a donné naissance à une nouvelle branche de la métallurgie, **l'aluminothermie :** on prépare quelques métaux, tels que le chrome, le manganèse, en réduisant leur oxyde par l'aluminium ; il suffit d'échauffer suffisamment un point du mélange pour que la réduction se fasse avec un grand dégagement de chaleur et progresse dans toute la masse.

25. Classification des oxydes.

Les oxydes métalliques peuvent, d'après leur fonction chimique, se diviser en cinq classes :

1° *Les oxydes basiques*, tels que l'oxyde ferreux **FeO**, les oxydes de potassium et de sodium, la chaux, le massicot **PbO**. A ces oxydes correspondent des hydrates qui sont des *bases*. C'est ce groupe qui est le plus nombreux ; à chaque métal correspond au moins un oxyde basique ;

2° Les *oxydes acides*, tels que l'anhydride chromique, le bioxyde d'étain. A ces oxydes correspondent des hydrates qui sont *acides :* l'anhydride chromique peut donner des chromates, le bioxyde d'étain peut donner des stannates;

3° Les *oxydes indifférents*, tels que l'alumine Al^2O^3, le sesquioxyde de fer Fe^2O^3. Ces oxydes jouent le rôle de bases avec les acides, et d'acides avec les bases : ainsi l'alumine forme avec l'acide sulfurique du sulfate d'aluminium et avec la soude de l'aluminate de sodium ;

4° Les *oxydes salins* : oxyde magnétique de fer Fe^3O^4, oxyde salin de plomb ou minium Pb^3O^4. Ils peuvent être considérés comme la combinaison d'un oxyde acide avec un oxyde basique. Exemples :

Pb^3O^4	=	2PbO,	PbO^2.
Oxyde salin de plomb		Protoxyde (basique)	Bioxyde (acide)
Fe^3O^4	=	FeO,	Fe^2O^3.
Oxyde salin de fer		Protoxyde (basique)	Sesquioxyde (jouant le rôle d'oxyde acide)

5° Les *oxydes singuliers*, tels que le bioxyde de manganèse MnO^2. Ce sont des oxydes qui ne sont ni acides, ni basiques. Cependant, avec les bases, ils *se suroxydent* et donnent *un oxyde acide* qui s'unit à la base; au contraire, avec les acides forts, ils *perdent généralement de l'oxygène* et se transforment en *oxyde basique* qui se combine à l'acide. Ainsi le bioxyde de manganèse chauffé avec de la potasse donne du manganate de potassium ; chauffé avec de l'acide sulfurique il donne du sulfate de manganèse et dégage de l'oxygène : c'est pourquoi on emploie souvent le mélange de bioxyde de manganèse et d'acide sulfurique comme *oxydant*.

26. Remarque. — Un même métal a souvent plusieurs oxydes. Ainsi, les principaux oxydes de fer sont : le protoxyde ou oxyde ferreux FeO, qui est basique, le sesquioxyde ou oxyde ferrique Fe^2O^3, qui est indifférent; l'oxyde magnétique Fe^3O^4 qui est salin. Les oxydes de plomb sont : le sous-oxyde Pb^2O; le protoxyde PbO (massicot et litharge) qui est basique; l'oxyde salin ou minium Pb^3O^4, l'oxyde puce ou bi-oxyde PbO^2, qui est acide.

Lorsqu'un métal donne plusieurs oxydes, en général le moins oxygéné ou les moins oxygénés sont basiques, tandis que, à mesure que l'oxyde devient plus oxygéné, sa tendance à être acide augmente.

27. Préparation.

Il y a diverses manières de préparer les oxydes métalliques.

1° *Oxydation du métal.* — C'est le procédé direct, souvent appliqué dans l'industrie ; ainsi, l'*oxyde de zinc* se prépare en grillant le métal dans un courant d'air ; de même le *massicot* et la *litharge*. On emploie ce procédé toutes les fois que le métal s'obtient facilement et qu'il peut être oxydé. Mais il y a des métaux inoxydables et d'autres qu'on obtient difficilement. Dans ces cas, on emploie un des procédés suivants :

2° *Décomposition d'un sel par la chaleur.* — La *chaux* se prépare industriellement en décomposant le *carbonate* de calcium par la chaleur. On peut se procurer les oxydes de cuivre et de mercure en calcinant l'*azotate* correspondant.

3° *Oxydation ou décomposition partielle d'un autre oxyde.* — Nous savons (§ 24) qu'un oxyde chauffé se décompose parfois en un oxyde moins oxygéné (bioxyde de baryum transformé en baryte), ou inversement qu'il s'oxyde davantage (préparation industrielle du minium avec le massicot).

II. — HYDRATES MÉTALLIQUES

28. Nous avons vu (§ 24) que les oxydes des métaux alcalino-terreux se combinent facilement à l'eau en donnant un hydrate métallique qui est une base. Ainsi, l'oxyde de potassium donne avec l'eau de l'hydrate de potassium ou *potasse*, KOH :

$$K^2O + H^2O = 2KOH.$$

L'oxyde de calcium ou *chaux vive* donne avec l'eau de l'hydrate de calcium ou *chaux éteinte :*

$$CaO + H^2O = Ca(OH)^2.$$

Les autres oxydes ne peuvent pas se combiner directement à l'eau. Cependant, à la plupart d'entre eux correspondent aussi des *hydrates* qui peuvent toujours être considérés comme *dérivant de l'oxyde par union de ce corps avec l'eau*. Ainsi à l'oxyde ferreux **FeO**, correspond l'hydrate ferreux **Fe (OH)²** :

$$FeO + H^2O = Fe(OH)^2.$$

A l'oxyde de magnésium **MgO** correspond l'hydrate **Mg (OH)²**, etc.

20. Hydrates basiques.

Les plus importants de ces hydrates sont ceux qui correspondent aux oxydes basiques. *Ce sont tous des* **bases**, qui avec les acides donnent des sels ; c'est ainsi qu'à l'hydrate ferreux correspondent les sels ferreux, à la chaux des sels de calcium, etc.

Tous ces hydrates sont caractérisés par le groupe **OH** qu'on appelle **oxhydrile.** Leurs formules renferment **1** fois ce groupe quand le métal est univalent (potassium, sodium) ; quand le métal est divalent, elles le renferment **2** fois : la chaux éteinte a pour formule $Ca(OH)^2$, l'hydrate ferreux $Fe(OH)^2$, et ainsi de suite.

Les hydrates sont *insolubles dans l'eau*, sauf les hydrates alcalins et alcalino-terreux ; ceux-ci sont par suite les seuls qui bleuissent le tournesol. La chaleur ramène tous les hydrates à l'état d'oxyde, sauf les hydrates alcalins et l'hydrate de baryum.

Très peu de bases (chaux, baryte) sont préparées directement par la combinaison de l'*oxyde et de l'eau*. Pour préparer les autres, on les déplace de leurs sels par une autre base ; ainsi, la chaux éteinte peut servir à préparer la potasse et la soude. Si on la verse dans une dissolution étendue de carbonate de potassium, elle donne du carbonate de calcium qui se précipite, en même temps que de la potasse qui reste dissoute; la soude se prépare de la même façon, avec du carbonate de sodium. A leur tour, la potasse et la soude peuvent servir à préparer la plupart des autres bases : versées dans du sulfate de cuivre, par exemple, elles donnent un précipité d'hydrate de cuivre. Dans quelques cas seulement, ce n'est pas l'hydrate, mais l'oxyde qui est précipité: avec l'azotate d'argent, par exemple, on obtient de l'oxyde d'argent ; de même avec les sels d'or et de platine, on obtient les oxydes correspondants.

III. — SELS

30. Définition et formation des sels. — Sels acides; sels neutres.

Nous avons dit (§ 86, 4e année) que les sels peuvent être considérés comme résultant de la substitution d'un métal à l'hydrogène d'un acide. On peut toujours les obtenir en combinant l'acide à la base (*fig.* 5) et, dans ce cas, il y a élimination d'eau; parfois aussi on peut attaquer le métal par l'acide. Exemples :

FIG. 5. — Combinaison d'un acide et d'une base : on verse avec précaution la base dans l'acide.

$$\underset{\text{Acide azotique}}{AzO^3H} + \underset{\text{Potasse}}{KOH} = \underset{\text{Azotate de potassium}}{AzO^3K} + \underset{\text{Eau}}{H^2O},$$

$$\underset{\text{Acide chlorhydrique}}{2\,HCl} + \underset{\text{Zinc}}{Zn} = \underset{\text{Chlorure de zinc}}{ZnCl^2} + \underset{\text{Hydrogène}}{2H}.$$

Les **sels acides** sont ceux dans lesquels il existe encore de l'hydrogène **remplaçable par un métal.** Les sels **neutres** sont ceux dans lesquels tout l'hydrogène remplaçable a été remplacé ; le bisulfate de potassium SO^4KH est acide, tandis que le sulfate SO^4K^2 est neutre. L'acétate de potassium CH^3COOK est neutre, bien qu'il renferme encore 3 atomes d'hydrogène, parce que *cet hydrogène n'est pas remplaçable par un métal* ; etc.

31. Sels basiques.

De même qu'il existe des sels acides, il existe des sels basiques, c'est-à-dire pouvant jouer le rôle de bases avec une nouvelle quantité d'acide. Pour comprendre qu'il en soit ainsi, considérons l'action d'un acide sur une base, par exemple de l'acide azotique sur la potasse :

$$AzO^3\underline{H} + K(OH) = AzO^3\underline{K} + H^2O.$$

On remplace l'hydrogène de l'acide par le métal pour avoir le sel. Mais on peut tout aussi bien considérer que c'est l'oxhydrile OH de la potasse qui est remplacé par le groupe AzO^3 de l'acide, comme le montre la représentation suivante :

$$\begin{array}{l} AzO^3\boxed{H} \\ K\boxed{OH} \end{array}$$

la formule du sel s'écrirait d'après cela $KAzO^3$.

Cette seconde manière de comprendre la composition des sels permet d'écrire la formule des sels basiques. Soit, en effet, l'acide azotique AzO^3H et l'hydrate de bismuth $Bi(OH)^3$. On peut remplacer 1, 2 ou 3 fois OH de l'hydrate par 1, 2, ou 3 fois le groupe AzO^3. On a ainsi :

$$Bi \begin{cases} OH \\ OH \\ AzO^3 \end{cases} \quad \text{Azotate basique,}$$

$$\mathrm{Bi} \begin{cases} \mathrm{OH} \\ \mathrm{AzO^3} \\ \mathrm{AzO^3} \end{cases} \text{Azotate basique,}$$

$$\mathrm{Bi} - (\mathrm{AzO^3})^3 \text{ Azotate neutre.}$$

Or, il existe en effet trois azotates de bismuth, correspondant à ces formules; les deux premiers peuvent se combiner à une nouvelle quantité d'acide azotique pour donner le troisième qui est le sel neutre. — De même il existe deux azotates de plomb, dont un neutre et un basique.

32. Propriétés physiques des sels.

Les sels, qu'ils soient acides, neutres ou basiques, ont un certain nombre de **propriétés communes.** Ils sont solides à la température ordinaire et *cristallisables;* ils sont inodores, à l'exception de quelques sels ammoniacaux. Ils sont souvent blancs ou incolores (chlorure de sodium, sulfate d'ammonium, sulfates anhydres de cuivre, de zinc, de fer, etc.). Plusieurs sont colorés diversement : les sels de cuivre hydratés sont bleus ou verts; les sels hydratés ferreux sont verts, les sels hydratés ferriques sont jaune rouille, etc. La couleur est un des caractères permettant de reconnaître le métal contenu dans un sel.

La saveur des sels est variable : ceux de sodium sont salés, ceux de magnésium sont amers; ceux d'aluminium ont une saveur douce, puis astringente.

33. Action de l'eau sur les sels.

1° *Dissolution.* — Un grand nombre de sels sont solubles dans l'eau et leur solubilité augmente avec la température : ainsi, 100 grammes d'eau dissolvent, à 0°, 15 grammes de salpêtre, et, à 100°, 246 grammes; ce sel est donc beaucoup plus soluble à chaud qu'à froid. Il n'en est pas de même du sel marin dont la solubilité n'augmente presque pas avec la température : **100** grammes d'eau dissolvent **36** grammes de ce sel à **18°** et **39** grammes à **100°**. Il y a même des sels moins solubles à chaud qu'à froid, comme le sulfate de calcium ou plâtre ; le sulfate de sodium présente un maximum de solubilité à **33°**.

Lorsque l'eau a dissous toute la quantité de sel qu'elle peut contenir à une certaine température, elle est dite **saturée.** Si on refroidit une dissolution saturée d'un sel plus soluble à chaud qu'à froid, elle laisse en général se déposer, sous forme de cristaux, une partie du sel qu'elle contenait ; c'est le mode de *cristallisation par voie humide*, employé souvent dans l'industrie ou les laboratoires (préparation de l'azotate de potassium, de l'alun, etc.). Mais il arrive parfois que le refroidissement de la liqueur n'amène pas le dépôt de la substance ; l'eau contient alors plus de sel qu'elle n'en dissout normalement à cette température ; on dit qu'elle est **sursaturée.** Un grand nombre de sels, entre autres l'hyposulfite de sodium, l'alun ammoniacal, peuvent présenter le phénomène de la sursaturation. Pour faire cesser ce phénomène, il suffit d'introduire dans la dissolution sursaturée un cristal du même sel ou *d'un sel isomorphe ;* si l'on a, par exemple, une solution sursaturée d'alun ammoniacal, on provoque la cristallisation rapide du sel en laissant tomber dans la liqueur un petit cristal d'un alun quelconque : alun de potassium, alun de chrome, etc. Cette propriété permet de reconnaître si deux sels qui cristallisent dans le même système sont des sels isomorphes.

2° ***Eau d'interposition. — Eau de cristallisation.*** — Lorsqu'un sel cristallise, il emprisonne souvent, entre ses cristaux, de petites quantités de la dissolution ; cette eau **mécaniquement** interposée entre les lamelles cristallines, constitue l'**eau d'interposition** ; elle ne fait pas partie du sel, elle est en quelque sorte extérieure aux cristaux. C'est elle qui, en se vaporisant, fait *décrépiter* certains sels lorsqu'on les chauffe ; exemple : le sel marin.

Mais l'eau peut aussi entrer **en combinaison** avec les sels, et former avec eux de véritables hydrates ; on dit dans ce cas que le sel est *hydraté*, ou qu'il renferme de **l'eau de cristallisation.** Ainsi, lorsqu'on fait évaporer une dissolution de sulfate de cuivre, il se forme des cristaux bleus hydratés, de formule $SO^4Cu + 5H^2O$. Le sulfate de sodium cristallise à la température ordinaire avec 10 molécules d'eau, etc. Le nombre de molécules d'eau est toujours le même pour un même sel, quand la cristallisation se fait dans les mêmes conditions.

Lorsqu'on chauffe un sel hydraté, il perd son eau de cristallisation et devient *anhydre ;* ainsi le sulfate de cuivre chauffé à 200° perd 5 molécules d'eau et devient du sulfate anhydre qui est blanc. Ce sulfate s'hydrate de nouveau dès qu'on le met au contact de l'eau.

Remarque. — On ne change pas les propriétés chimiques d'un sel lorsqu'on élimine son eau de cristallisation, ce qui n'empêche pas qu'on doive considérer les hydrates comme des *combinaisons* du sel anhydre et de l'eau.

34. Sels efflorescents. — Sels déliquescents.

Certains sels, exposés à l'air humide, en absorbent la vapeur d'eau et se dissolvent peu à peu dans l'eau qu'ils fixent. On dit qu'ils sont **déliquescents :** tels sont le carbonate de potassium, l'azotate de sodium. D'autres, au contraire, — des sels hydratés, — abandonnent une partie de leur eau de cristallisation et tombent en poussière quand l'air n'est pas très humide ; c'est le cas du carbonate de sodium cristallisé ; on dit que ces sels sont **efflorescents.**

35. Action de la chaleur sur les sels.

Quand on chauffe un sel, s'il est hydraté, comme l'alun, il commence souvent par se dissoudre dans son eau de cristallisation ; on dit qu'il subit la **fusion aqueuse.** En continuant à chauffer, l'eau s'évapore, le sel devient anhydre et reprend par suite l'état solide ; puis, il fond de nouveau (à moins que la chaleur ne le décompose), et l'on dit qu'il subit la **fusion ignée.** Les sels anhydres n'éprouvent que cette dernière sorte de fusion.

36. Électrolyse des sels.

Le courant électrique décompose tous les sels *dissous ou fondus ; le métal se porte sur l'électrode négative ou cathode, et le reste sur l'électrode positive ou anode.* Ainsi, lorsqu'on électrolyse du chlorure de magnésium fondu, il se dégage du chlore à l'électrode positive et il se dépose du magnésium à l'électrode négative. Ce mode de décomposition est général, bien que les résultats définitifs de l'électrolyse soient souvent différents de ceux que fait prévoir la loi précédente ; ainsi, l'électrolyse du sulfate de cuivre (*fig.* 6) produit du cuivre à la cathode, mais de l'acide sulfurique et de l'oxygène à l'anode, au lieu du radical SO^4, qui d'ailleurs n'existe pas à l'état libre. Lorsqu'on électrolyse une dissolution de sulfate de potassium SO^4K^2, on obtient : à la cathode, de la potasse et de l'hydrogène au lieu de potassium ; à l'anode, de l'acide sulfurique et de l'oxygène au lieu du radical SO^4. C'est que, dans tous ces cas, des **actions secondaires** viennent s'ajouter à l'action principale et en masquer les résultats ; ces actions secondaires sont **chimiques** : ce sont des combinaisons ou des décompositions qui se produisent entre les corps résultant de l'action principale d'une part, l'eau ou les électrodes d'autre part. Ainsi, dans le cas du sulfate de

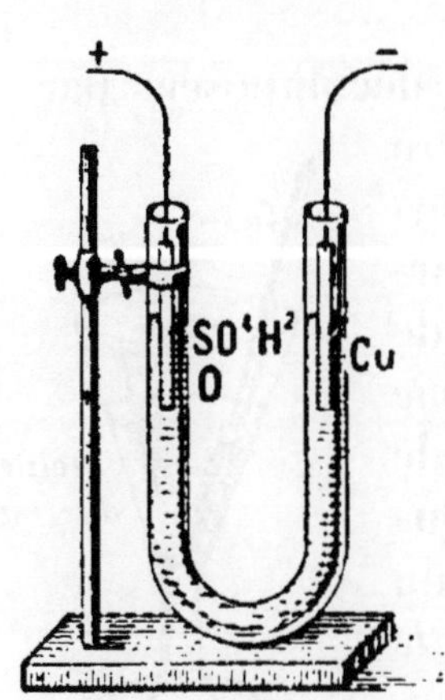

Fig. 6. — Électrolyse du sulfate de cuivre.

cuivre, *tout se passe comme* s'il y avait décomposition de l'eau par le radical SO^4, avec formation d'acide sulfurique et d'oxygène. Dans le cas du sulfate de sodium, cette action secondaire se produit aussi ; mais, de plus, le potassium décompose l'eau en donnant de la potasse et de l'hydrogène.

La décomposition des sels par le courant électrique joue un rôle extrêmement important, car elle est employée dans la *galvanoplastie*, la *dorure* et l'*argenture*, et dans l'*électro-métallurgie* pour extraire le métal d'un sel (magnésium, zinc, aluminium), ou pour purifier un métal brut (cuivre).

37. Action des métaux.

Les dissolutions salines peuvent être décomposées par les métaux : ainsi, une lame de cuivre plongée dans une dissolution d'azotate d'argent se recouvre bientôt de cristaux d'argent (*fig.* 7) et il se forme de l'azotate de cuivre qui se dissout. *Le cuivre a donc déplacé l'argent de son sel.* — Une lame de fer plongée dans du sulfate de cuivre dissous se recouvre de cuivre, et il se forme du sulfate de fer qui se dissout dans l'eau : *le fer a donc déplacé le cuivre de son sel.* — De même, le mercure déplace l'argent, le zinc déplace le plomb, etc.

FIG. 7. — Le cuivre déplace l'argent de ses sels.

En métallurgie, on applique parfois cette propriété des métaux : ainsi, on emploie le fer pour déplacer le plomb de son sulfure ; — le cuivre pour précipiter l'or ou l'argent dans l'affinage de ces métaux, etc.

38. Action des acides, des bases, des sels sur les sels.

L'étude des métalloïdes nous a permis de voir que les

acides, les bases, les sels peuvent, dans certains cas, décomposer les sels. Ainsi, l'acide sulfurique déplace l'acide chlorhydrique du chlorure de sodium; la chaux déplace l'ammoniaque du chlorure d'ammonium; l'azotate de sodium et le chlorure de potassium chauffés donnent du chlorure de sodium et de l'azotate de potassium. En multipliant les exemples, on pourrait constater **qu'un corps ne peut déplacer qu'un corps de même nature dans un sel :**

Un acide ne peut déplacer qu'un acide (ou un anhydride) (1)
Une base ne peut déplacer qu'une base (ou un oxyde basique) (2)
Un sel ne peut former avec un sel que deux autres sels (double décomposition) (3)

Reste à savoir dans quels cas la décomposition des sels par ces corps peut avoir lieu. Berthollet a trouvé une règle résultant d'un très grand nombre d'expériences, d'une application très commode, et qui est généralement vérifiée.

Un acide, une base ou un sel, décomposent **complètement** *un sel toutes les fois qu'il peut se former un composé* **insoluble** *ou* **volatil.**

39. 1° Action des acides sur les sels.

Un acide décompose un sel complètement quand il peut se former un composé moins soluble ou plus volatil que les corps employés, dans les conditions de l'expérience.

Exemples. — a) ***Formation d'un composé moins soluble.*** — Quand on verse de l'acide chlorhydrique dans une dissolution de silicate de potassium (§ 223), il se forme un précipité **insoluble** de silice gélatineuse :

$$\underset{\text{Silicate de potassium}}{SiO^3K^2} + \underset{\text{Acide chlorhydrique}}{2HCl} = \underset{\text{Silice gélatineuse insoluble}}{SiO^3H^2} + \underset{\text{Chlorure de potassium}}{2KCl.}$$

b) ***Formation d'un composé plus volatil.*** — Si on verse de l'acide chlorhydrique ou de l'acide sulfurique sur du carbonate de calcium, l'anhydride carbonique, qui est **volatil**, se dégage. De même l'acide sulfurique déplace l'acide chlorhydrique, l'acide azotique, et un grand nombre d'autres acides plus volatils que lui. — On applique cette propriété de l'acide sulfurique dans la préparation de presque tous les acides.

10. 2° Action des bases sur les sels.

Une base décompose un sel complètement, toutes les fois qu'il peut se former un composé moins soluble ou plus volatil que les corps employés.

Exemples. — a) *Formation d'un composé moins soluble.* — La potasse, base soluble, décompose le sulfate de cuivre en donnant un précipité d'hydrate de cuivre **insoluble** :

$$\underset{\text{Sulfate de cuivre}}{SO^4Cu} + \underset{\text{Potasse}}{2KOH} = \underset{\text{Sulfate de potassium}}{SO^4K^2} + \underset{\text{Hydrate de cuivre } insoluble}{Cu(OH)^2}.$$

Si l'on ajoute de la chaux à une dissolution étendue et bouillante de carbonate de potassium, il se forme un précipité de carbonate de calcium **insoluble**, et de la potasse qui se dissout (préparation de la potasse) :

$$\underset{\text{Carbonate de potassium}}{CO^3K^2} + \underset{\text{Chaux}}{Ca(OH)^2} = \underset{\text{Carbonate de calcium } insoluble}{CO^3Ca} + \underset{\text{Potasse}}{2KOH}.$$

b) *Formation d'un composé plus volatil.* — En chauffant du chlorure d'ammonium avec de la chaux, base fixe, l'ammoniaque, volatil, se dégage, et il se forme du chlorure de calcium. Même chose se produit avec les autres sels ammoniacaux (préparation industrielle de l'ammoniaque).

11. 3° Action des sels sur les sels.

Un sel décompose un autre sel toutes les fois qu'il peut se former un composé moins soluble ou plus volatil que les corps employés. On dit dans ce cas qu'il y a **double décomposition.**

a) ***Formation d'un composé moins soluble.*** — Le chlorure d'argent, insoluble, peut s'obtenir avec deux sels solubles : un chlorure, celui de sodium par exemple, et un sel d'argent, tel que l'azotate :

Chlorure de sodium

Azotate d'argent

(Le chlorure d'argent formé est insoluble.)

De même, le sulfate de baryum, insoluble, peut s'obtenir avec un sulfate soluble : le sulfate de potassium, et un sel de baryum soluble, tel que le chlorure :

Sulfate de potassium

Chlorure de baryum

(Le sulfate de baryum formé est insoluble.)

C'est par des réactions analogues à celles-là que nous avons reconnu la présence de divers sels dans l'eau : les chlorures par l'azotate d'argent ; les sulfates par le chlorure de baryum ; les sels de calcium par l'oxalate d'ammonium (il se forme un composé insoluble d'oxalate de calcium).

b) ***Formation d'un composé plus volatil.*** — Le carbonate d'ammonium, qui est volatil, peut s'obtenir en chauffant deux sels moins volatils : le chlorure d'ammonium et le carbonate de sodium, par exemple :

Chlorure d'ammonium

Carbonate de sodium

(Le carbonate d'ammonium formé est volatil.)

12. Les règles de Berthollet ne sont pas absolument générales; il existe quelques réactions qui sont en contradiction avec elles, par exemple le gaz carbonique ne précipite

pas le calcium à l'état de carbonate de calcium de la solution de chlorure de calcium. Nous les mentionnons cependant, parce qu'elles sont très commodes dans la pratique pour faire prévoir les réactions. Voici comment on fait pour appliquer ces règles : étant donné d'une part un sel, de l'autre un acide, une base, ou un autre sel, on écrit la réaction possible, en tenant compte des lignes en italique (1), (2), (3), du paragraphe 38. Puis on regarde le deuxième membre de la réaction; s'il renferme un composé volatil ou insoluble, on peut dire que la réaction a beaucoup de chances de se produire. Ainsi : on veut savoir si, en mélangeant du chlorure de sodium et du sulfate mercurique, il se fait une double décomposition. On écrit :
chlorure de sodium + sulfate mercurique = sulfate de sodium + chlorure mercurique.

Le chlorure mercurique est volatil, la réaction peut être prévue : elle a lieu en effet.

43. Expériences. — 1° *Oxydes.* — Montrer aux élèves divers oxydes, en particulier des oxydes naturels et des oxydes employés dans l'industrie, tels que le blanc de zinc, le massicot, la litharge, le minium, la chaux, etc.

Verser de la potasse dans une dissolution d'azotate d'argent pour montrer qu'on obtient un précipité d'oxyde d'argent.

2° *Hydrates.* — Montrer la potasse, la soude, la chaux éteinte. Faire voir au moyen du tournesol que ce sont des bases.

Verser de la potasse dans une dissolution de sulfate de cuivre : on obtient un précipité d'hydrate de cuivre. Même chose avec du sulfate ferreux, et avec du sulfate ferrique : le précipité d'hydrate de fer est vert dans le premier cas, jaune rouille dans le second.

3° *Sels.* — Montrer des sels blancs et des sels diversement colorés. Apprendre à distinguer plusieurs d'entre eux par les sens : les sulfates de cuivre et de fer par la couleur et la grosseur des cristaux sous lesquels ils se présentent; — le chlorure de sodium par la saveur et la cristallisation en trémies; — les sels de magnésium par leur saveur amère; — l'alun ordinaire par sa saveur astringente; — le carbonate d'ammonium par son odeur. — Jeter sur des charbons incandescents un peu de sel de cuisine : il crépite. — Chauffer dans une coupelle quelques cristaux bleus de sulfate de cuivre : le sel devient blanc. Il suffit de verser un peu d'eau sur ce sel blanc pour qu'il redevienne bleu. — Faire l'expérience de la sursaturation avec du sulfate ou de l'hyposulfite de sodium, ou avec de l'acétate de sodium. (Recouvrir d'un cornet de papier le ballon où l'on fait l'expérience si l'on emploie le sulfate de sodium.) — Plonger une lame de fer dans une solution de sulfate de cuivre : elle se recouvre de cuivre ; — même expérience avec une lame de cuivre dans de l'azotate d'argent.

Règles de Berthollet. — En se servant des divers liquides de la boite à réactifs, on pourra effectuer diverses réactions justifiant les règles de Berthollet.

CHAPITRE III

SOUDE ET SELS DE SODIUM
POTASSE ET SELS DE POTASSIUM

PLAN

I. — Soude et sels de sodium

1° CHLORURE DE SODIUM

De tous les composés du sodium, c'est le **chlorure** le plus important, car il sert à préparer presque tous les autres.

Chlorure de sodium	*Extraction*	Du sel des eaux de la mer. Du sel gemme.
	Propriétés et Usages	Cristallisation. Solubilité Usage alimentaire. Corps préparés à partir du chlorure de sodium.

2° COMPOSÉS DU SODIUM FABRIQUÉS INDUSTRIELLEMENT

a) *Carbonate de sodium (soude du commerce, cristaux)*

I Préparation	*Procédé Leblanc*	On transforme le *chlorure de sodium* en *sulfate*, puis le sulfate en carbonate par la craie et le charbon.
	Procédé Solvay	On transforme directement le *chlorure de sodium* en carbonate au moyen du bicarbonate d'ammonium.
II Propriétés et usages	Verres, savons durs. Blanchissage et blanchiment.	

b) *Soude caustique*

I Propriétés	*Très soluble* dans l'eau. *Base* très énergique.
II Usages	Savons durs. — Réactif dans les laboratoires.
III Préparation	Électrolyse du *chlorure de sodium* dissous. Décomposition par la *chaux* du *carbonate de sodium* en dissolution étendue.

c) Sodium

I Propriétés	Blanc comme de l'argent. *Mou.* Très *fusible.* *S'altère* rapidement à l'air. Corps très *réducteur.*
II Usages	Préparation de l'aluminium et du magnésium. Emploi comme hydrogénant dans les laboratoires.

II. — Potasse et sels de potassium

1° COMPOSÉS NATURELS

Chlorure de potassium. — Azotate ou salpêtre. — Sulfate.

De tous les composés du potassium, c'est le **chlorure** le plus important.

2° COMPOSÉS DU POTASSIUM FABRIQUÉS INDUSTRIELLEMENT

a) Carbonate de potassium (potasse du commerce)

I Divers procédés de préparation	*Procédé Leblanc.* *Incinération des plantes terrestres.* *Suint des laines.* *Vinasses de betteraves.*
II Propriétés et Usages	Verres, savons mous. Nettoyages des parquets, des murs, des tissus.

b) Potasse caustique

I Propriétés	Très *soluble* dans l'eau. *Base* très énergique.
II Usages	Savons mous. Pierre à cautères.
III Préparation	Mêmes procédés que pour la préparation de la soude caustique.

c) Potassium

Mêmes propriétés et mêmes usages que le sodium. Beaucoup moins employé que le sodium.

I. — SOUDE ET SELS DE SODIUM

11. Composés du sodium les plus importants.

Le sodium (**Na**) est un métal alcalin de peu d'importance par lui-même, mais très important par plusieurs de ses composés, dont quelques-uns existent à l'état naturel : *chlorure de sodium*, *azotate* et *sulfate*. De tous les composés du sodium, c'est le **chlorure** le plus important, car il sert à préparer tous les autres (sauf l'azotate), et en particulier le **carbonate de sodium,** qui est fabriqué industriellement en très grande quantité. [Nous avons vu, d'autre part, que le chlorure de sodium sert à préparer presque tous les composés du chlore et le chlore lui-même.] L'étude de l'**azotate de sodium** nous a montré que ce corps a aussi une très grande importance pratique.

45. Chlorure de sodium : NaCl.

Le chlorure de sodium est extrêmement abondant dans la nature. On le trouve, soit en dissolution dans les eaux de la mer ou des sources salées, soit en couches épaisses dans le sol. Mais actuellement on ne l'extrait plus guère que de la mer et de la terre : c'est que les sources salées sont très peu riches en sel ; d'autre part, le sel de ces sources provient généralement de gîtes salins peu éloignés, qu'il est plus économique d'exploiter directement. Donc, deux sources principales de sel : la mer et les mines de *sel gemme*.

46. Extraction du sel des eaux de la mer.

L'eau de mer contient par litre de 26 à 30 grammes de sel, et, en moins grande quantité, des chlorures de potassium et de magnésium, du sulfate et du carbonate de calcium, des bromures, des iodures, etc.

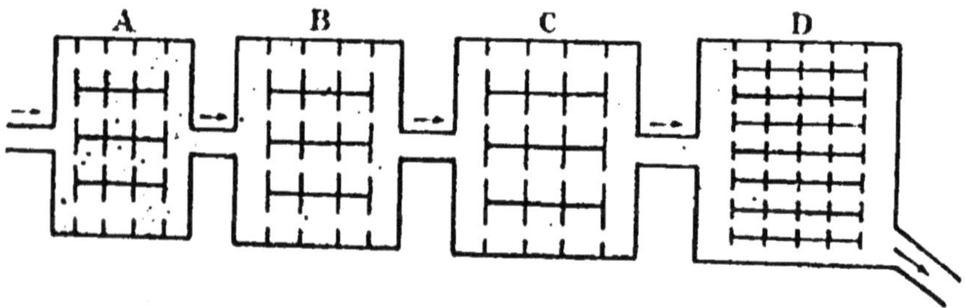

FIG. 8. — Schéma d'un marais salant.

Pour en extraire le chlorure de sodium, on fait évaporer l'eau au soleil dans des **marais salants**, sur une surface horizontale aussi peu perméable que possible. En France.

cette exploitation a lieu sur une partie des côtes de la Méditerranée et de l'Océan ; les marais salants diffèrent un peu suivant les régions, mais le principe reste toujours le même. Nous décrirons un de ceux du Midi, qui sont les plus importants de France : l'eau de mer est amenée d'abord dans un vaste réservoir A où elle dépose les matières qu'elle tient en suspension (*fig.* 8). Puis elle passe dans une série de bassins B peu profonds, où elle commence à se concentrer et abandonne les substances les moins solubles : sesquioxyde de fer et carbonate de calcium. Elle est amenée ensuite dans des puits, d'où on l'envoie à l'aide de pompes dans une troisième série de bassins C ; là, continuant à se concentrer, elle dépose du sulfate de calcium, et elle arrive à marquer 24° Baumé, alors qu'elle est entrée n'en marquant que 18. A ce moment, elle passe dans les bassins D, plus petits, appelés *tables salantes :* le *sel* s'y dépose peu à peu ; on l'enlève avec des pelles et on en fait, sur le bord des bassins, des tas qu'on abandonne quelque temps à l'air. Le sel s'égoutte, et le chlorure de magnésium auquel il est mélangé, ayant la propriété d'absorber facilement l'eau, est peu à peu entraîné par les pluies. On obtient ainsi le sel *gris* ou *sel de cuisine ;* pour avoir le sel *blanc* ou *sel de table*, on dissout le sel gris dans de l'eau qu'on fait évaporer ensuite à chaud.

17. Extraction du sel gemme.

Les mines de sel gemme les plus importantes sont celles de Wieliczka en Pologne, de Stassfurt en Prusse, de Vic et Dieuze en Lorraine. Elles sont souterraines ou à ciel ouvert.

Quand le sel est pur et en masses compactes, on l'exploite à la pioche, et l'on n'a qu'à pulvériser les blocs obtenus sous des meules pour le livrer à la consommation.

Le plus souvent le sel est mêlé à des matières étrangères (argile, oxyde de fer). Dans ce cas, il faut le dissoudre dans l'eau, puis faire évaporer la dissolution. Pour cela, on fait un trou de sonde qui descend jusqu'au milieu de la mine (*fig.* 9), on y place un long tube percé de trous C à sa partie inférieure; entre ce tube et les parois du trou de sonde, on fait arriver de l'eau des sources voisines; cette eau dissout le sel, et la dissolution, plus dense que l'eau pure, descend au fond du trou de sonde et pénètre dans le tube par les ouvertures inférieures; il suffit de l'extraire à l'aide d'une pompe, puis de l'évaporer en la chauffant dans des bassines plates.

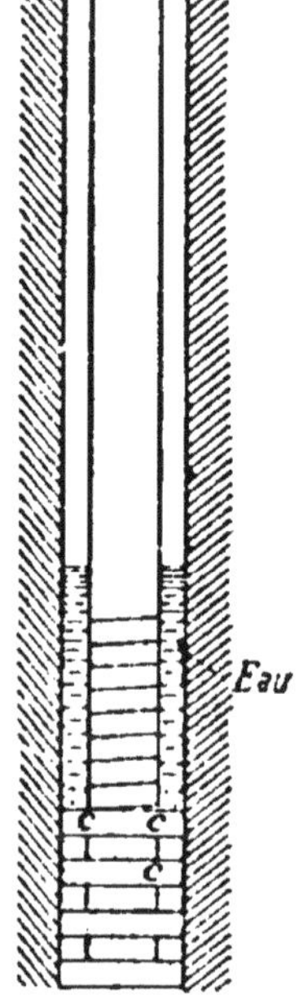

Fig. 9. — Extraction du sel gemme.

18. Propriétés et usages.

Le chlorure de sodium est un corps solide transparent, d'une saveur salée caractéristique; il cristallise en cubes parfois accolés en pyramides quadrangulaires creuses qu'on appelle *trémies*, dont chaque face est formée d'une série de gradins (*fig.* 10). Le chlorure de sodium retient souvent un peu d'eau entre ses cristaux; c'est pourquoi il décrépite quand on le jette sur le feu; l'eau se vaporisant projette au loin les cristaux qui l'enferment. Il est soluble dans l'eau, mais la solubilité n'augmente pas sensiblement lorsque la température s'élève.

Fig. 10. — Cristaux de sel.

On emploie le chlorure de sodium pour assaisonner les aliments, il paraît du reste indispensable à l'alimentation de l'homme; il sert aussi à conserver les viandes, le beurre, certains légumes; car c'est un antiseptique. On l'emploie avec avantage dans l'alimentation des bestiaux, et en agriculture, comme amendement.

En dehors de ces applications diverses, tous les usages du chlorure de sodium consistent dans la préparation de composés du chlore et du chlore lui-même, de composés du sodium et du sodium lui-même ; nous allons passer en revue ces principales préparations.

1° *Décomposition par l'acide sulfurique.* — Il se forme du sulfate de sodium et de l'acide chlorhydrique ; or le sulfate de sodium peut être transformé en *carbonate de soude* ou *soude du commerce*.

2° *Décomposition par le bicarbonate d'ammonium.* — Quand on chauffe du chlorure de sodium avec du bicarbonate d'ammonium, une double décomposition se produit ; il se forme du chlorure d'ammonium et du bicarbonate de sodium peu soluble qu'il suffit de chauffer pour avoir le carbonate neutre : c'est le principe de la préparation de la *soude du commerce* par le procédé Solvay.

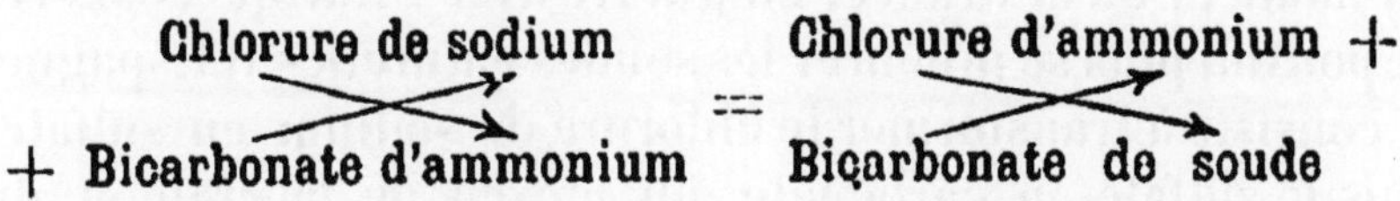

3° *Action du courant électrique.* — *a)* L'électrolyse du chlorure de sodium *fondu* fournit du *chlore* et du *sodium*.

b) L'électrolyse du chlorure de sodium en *dissolution étendue* fournit du *chlore* et de la *soude*, si les deux électrodes sont séparées par un diaphragme.

c) Si les deux électrodes ne sont pas séparées, le chlore formé diffuse dans la masse et se combine avec la soude en donnant de l'*eau de Labarraque*, de sorte que ce chlorure décolorant peut s'obtenir à l'aide du chlorure de sodium par une seule opération.

d) Si la dissolution est concentrée au lieu d'être étendue, on obtient non de l'hypochlorite et du chlorure de sodium, mais du *chlorate* et du chlorure de sodium. C'est un moyen de préparer ce chlorate.

Toutes ces applications du chlorure de sodium lui

donnent une importance considérable; c'est ainsi que la France, à elle seule, en consomme plus de 100 millions de kilogrammes par an, uniquement pour la fabrication du carbonate de sodium ou soude du commerce.

CARBONATE DE SODIUM : CO^3Na^2

19. Préparation.

Pendant longtemps le carbonate de sodium ou carbonate de soude (*soude du commerce, cristaux*) a été extrait de plantes croissant sur le bord de la mer dans les contrées méridionales; il constituait les *soudes naturelles*. Actuellement, toute la soude du commerce est obtenue *à partir du* **chlorure de sodium**, par deux méthodes distinctes :

1° ***Procédé Leblanc.*** — Ce procédé a été imaginé par un chimiste français, Leblanc, en 1791 ; il a beaucoup servi au moment où la France, en guerre avec l'Europe coalisée, ne pouvait plus se procurer les soudes naturelles d'Espagne. Il consiste à transformer le chlorure de sodium en sulfate, puis le sulfate en carbonate, au moyen de la craie et du charbon. Il y a donc deux opérations successives :

a) **Chauffage du chlorure de sodium avec de l'acide sulfurique concentré.** — On obtient de l'acide chlorhydrique qui se dégage et du *sulfate de sodium*, soluble dans l'eau, et qu'on peut faire cristalliser.

b) **Chauffage du sulfate de sodium avec de la craie et du charbon.** — Le mélange de ces corps est chauffé dans des fours tournants où il est brassé mécaniquement (*fig.* 11), le charbon réduit le sulfate de sodium en donnant du sulfure de sodium, et ce sulfure avec du carbonate de calcium donne du sulfure de calcium **presque insoluble** et du carbonate de sodium soluble :

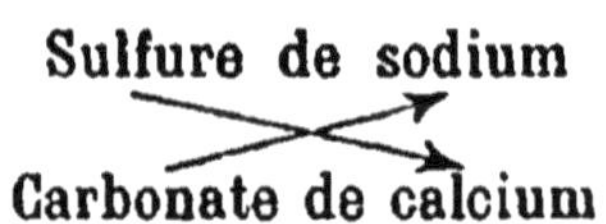

On obtient ainsi la *soude brute*, qui peut être directement utilisée dans la fabrication du verre à bouteilles et des savons, mais qui est le plus souvent purifiée par des lessivages à l'eau, et transformée ainsi en un corps blanc désigné dans le commerce sous le nom de *sel de soude ;* il renferme encore un peu de chlorure et de sulfate de sodium. Pour avoir les *cristaux* de soude, on dissout le sel de soude dans de l'eau chaude et on le fait cristalliser par refroidissement.

2° ***Procédé Solvay.*** — Actuellement, pour la préparation du carbonate de sodium, on emploie de plus en plus, le procédé Solvay, dans lequel on transforme **directement** le chlorure de sodium en carbonate, sans passer par le sulfate. Il suffit de mélanger à une solution saturée à froid de *chlorure de sodium* une dissolution de *bicarbonate d'ammonium* pour qu'une double décomposition se produise, avec formation de *bicarbonate de sodium* **presque insoluble** (règles de Berthollet) :

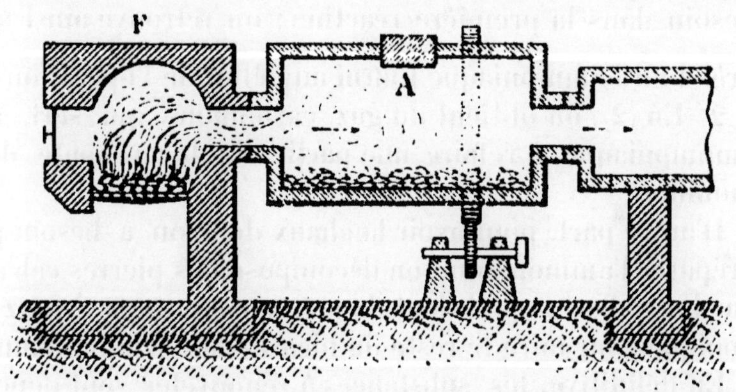

FIG. 11. — Fabrication du carbonate de sodium par le procédé Leblanc.
On verse dans le cylindre A le mélange de sulfate de sodium, de craie et de charbon ; F, four dont la flamme chauffe le mélange.

$$\underset{\text{Chlorure de sodium}}{NaCl} + \underset{\text{Bicarbonate d'ammonium}}{CO^3AzH^4H} = \underset{\text{Chlorure d'ammonium}}{AzH^4Cl} + \underset{\text{Bicarbonate de sodium}}{CO^3NaH.} \qquad (1)$$

Le bicarbonate de sodium formé, étant à peu près insoluble dans l'eau, se précipite ; on le sépare de la liqueur par filtration ; on le lave et on le sèche. Puis une légère calcination chasse une partie de son gaz carbonique et le transforme en *carbonate neutre* :

$$\underset{\text{Bicarbonate de sodium}}{2CO^3NaH} = \underset{\text{Gaz carbonique}}{CO^2} + \underset{\text{Eau}}{H^2O} + \underset{\text{Carbonate neutre de sodium}}{CO^3Na^2}. \quad (2)$$

Avantages de ce procédé. — On utilise dans ce procédé tous les produits résiduels.

1° En (1), on obtient du chlorure d'ammonium : ce corps, chauffé avec de la chaux (§ 40, *b*) dégage de l'ammoniaque qui sert à redonner le bicarbonate d'ammonium, dont on a besoin dans la première réaction ; on retrouve ainsi à $\frac{1}{200}$ près tout l'ammoniaque fourni au début de l'opération ;

2° En (2), on obtient du gaz carbonique qui sert, avec l'ammoniaque, à refaire une partie du bicarbonate d'ammonium.

D'autre part, pour avoir la chaux dont on a besoin pour préparer l'ammoniaque, on décompose des pierres calcaires par la chaleur ; on obtient du même coup assez de gaz carbonique pour faire le reste du bicarbonate d'ammonium.

En définitive, les substances à renouveler sont donc : le **chlorure de sodium**, le **calcaire**, et pratiquement un peu d'ammoniaque. Le procédé Solvay a donc de nombreux avantages ; aussi est-il appliqué dans un grand nombre d'usines et tend-il de plus en plus à remplacer le procédé Leblanc. Pour se maintenir, les usines Leblanc ont essayé de se servir aussi des résidus de leur industrie : elles ne se sont pas contentées de vendre l'acide chlorhydrique produit ; elles ont aussi extrait le soufre pur du sulfure de calcium qui leur restait comme résidu, et surtout elles ont transformé ce sulfure en hyposulfite de sodium, très employé en photographie. Mais, malgré tous ces efforts, elles ne peuvent que difficilement lutter contre les usines Solvay.

50. Propriétés et usages.

Le carbonate de sodium se présente le plus souvent sous forme de gros *cristaux* incolores et transparents, de formule $CO^3Na^2 + 10H^2O$; à l'air, ils s'effleurissent, c'est-à-dire qu'ils perdent de l'eau, et ils se transforment peu à peu en une *poudre* blanche, de formule $CO^3Na^2 + H^2O$.

Les cristaux de soude sont beaucoup plus solubles à chaud qu'à froid ; ils présentent un maximum de solubilité à 38°. Le carbonate de sodium est *indécomposable par la chaleur*. Sa dissolution bleuit la teinture de tournesol rougie par un acide — Les usages de ce corps sont très nombreux. Il sert à préparer la *soude caustique* dans la fabrication du *verre* (verre à bouteilles s'il est à l'état brut, verrerie fine et glaces s'il est raffiné). Il est employé à la fabrication des *savons durs*, du borax, du bicarbonate de soude, des sulfites et des hyposulfites. — On l'emploie beaucoup à l'état de cristaux, dans le *blanchissage* du linge, dans le blanchiment du coton ; en économie domestique, pour divers nettoyages. Il agit alors par la soude qu'il contient, et qui se combine aux matières grasses en donnant un corps soluble.

Le carbonate de sodium est donc un corps très employé ; la France à elle seule décompose annuellement 100 millions de kilogrammes de sel marin pour la fabrication de ce corps.

SOUDE CAUSTIQUE : NaOH

51. Propriétés.

La *soude caustique* ou *hydrate de sodium*, qu'il ne faut pas confondre avec la soude du commerce ou carbonate de sodium, que nous venons d'étudier, est un corps solide, blanc, cristallin, *très soluble dans l'eau*, indécomposable par la chaleur. Sa dissolution est caustique ; c'est-à-dire qu'elle détruit les matières organiques, en particulier la peau.

Elle ramène au bleu le tournesol rougi par un acide ; elle se combine à un grand nombre d'acides en donnant des *sels de sodium ;* elle déplace de leurs sels les bases insolubles ou volatiles. Elle a donc tous les caractères d'une **base ;** c'est la propriété essentielle de la soude caustique. Cette base est très énergique ; aussi, pour neutraliser les acides, préfère-t-on souvent employer le *carbonate neutre de sodium*, qui a aussi une réaction alcaline, qui agit moins violemment que la soude caustique et qui s'obtient à très bon marché. A l'air, la soude caustique ne se conserve pas ; elle s'empare de la vapeur d'eau et se liquéfie ; puis la dissolution absorbe peu à peu le gaz carbonique de l'air et se transforme en carbonate de sodium qui s'effleurit en donnant une poudre blanche. C'est pour cette raison qu'il faut conserver la soude dans des flacons bien bouchés.

52. Usages.

La soude caustique, à l'état de dissolution (*lessive de soude*), sert à préparer les *savons durs*, à purifier les pétroles, à séparer les phénols de la benzine dans la distillation des huiles légères des goudrons de houille. Elle est constamment employée *dans les laboratoires* comme réactif, pour précipiter les hydrates métalliques de leurs sels.

53. Préparation.

Premier procédé. — On prépare la *soude en la déplaçant d'un de ses sels par une autre base.* Si l'on fait bouillir une dissolution **très étendue de carbonate de sodium** avec de la chaux, il se forme du carbonate de calcium **insoluble** et de la soude caustique, qui reste en dissolution :

$$CO^3Na^2 + Ca(OH)^2 = 2NaOH + CO^3Ca.$$

Carbonate de sodium — Chaux éteinte — Soude caustique — Carbonate de calcium *insoluble*

Après avoir filtré pour séparer le carbonate de calcium, on concentre la dissolution et on la coule sur des lames d'argent où elle se solidifie en plaques qu'on livre sous cette forme au commerce. On obtient ainsi la *soude à la chaux*, qui n'est pas pure. Pour avoir la soude pure, dont on se sert dans les laboratoires, on dissout la « soude à la chaux » dans de l'alcool qui dissout la soude, mais non les impuretés qu'elle contient. Il suffit ensuite de faire évaporer la dissolution (*soude à l'alcool*).

Deuxième procédé. — On peut aussi préparer la soude pure en **électrolysant** *une dissolution de* **chlorure de sodium.** Dans ce cas, on sépare les électrodes par un diaphragme (§ 82), ou mieux on place, à la cathode, du mercure qui se combine au sodium et donne un amalgame; on envoie cet amalgame dans l'eau par des dispositifs appropriés; de la soude s'y forme, tandis que le mercure rentre à la cathode.

SODIUM

Symbole : Na. — Masse atomique : 23.

54. Le sodium est un corps solide, mou comme de la cire à la température ordinaire, ayant l'éclat et la couleur de l'argent ; mais dès qu'il est à l'air il se ternit par la formation d'une couche blanche de soude à sa surface. Il est très **réducteur;** aussi a-t-il été pendant longtemps employé à la préparation de l'aluminium et du magnésium ; mais on ne l'emploie presque plus depuis que ces métaux peuvent s'obtenir par l'électrolyse de leurs composés naturels.

C'est surtout dans les laboratoires que le sodium est utilisé. On l'emploie comme **hydrogénant,** grâce à sa propriété de décomposer très facilement l'eau en donnant de la soude et en dégageant de l'hydrogène. C'est le plus souvent à l'état d'*amalgame* qu'il est employé pour cet usage.

Pour préparer le sodium, on peut : ou bien *réduire la* **soude caustique** *par le charbon*, à la température de **1.000**°, ou bien **électrolyser du chlorure de sodium fondu** *ou de la* **soude fondue.**

55. Conclusion.

Le **chlorure de sodium** nous a servi à préparer, directement ou indirectement, tous les composés du sodium autres que l'azotate : sulfate, carbonate neutre, soude caustique — et le sodium lui-même.

II. — POTASSE ET SELS DE POTASSIUM

56. Le potassium **K** existe dans la nature sous forme de sels divers : *chlorure*, *azotate* (déjà étudiés), *sulfate*. Les plantes renferment aussi des sels de potassium qui, par calcination, se transforment en carbonate de potassium. De tous ces composés, le **chlorure de potassium** est le plus important, car il sert à préparer la plus grande partie des sels de potassium utilisés dans l'industrie : *sulfate* et par suite *carbonate*, *azotate* et *chlorate*. Il sert aussi à préparer la potasse caustique et le potassium. Enfin, il est employé directement comme engrais potassique, en particulier dans la culture de la betterave à sucre.

57. Chlorure de potassium : KCl.

Le chlorure de potassium existe en petites quantités dans l'eau de la mer; on l'extrait aussi des cendres de varechs (algues qui croissent sur les rochers du bord de la mer), des vinasses de betteraves, mais surtout des mines de Stassfurt.

Dans ces mines, les dépôts salins sont superposés par ordre de solubilité, comme cela se produirait dans les marais salants par évaporation complète ; cela montre que ces dépôts doivent provenir du dessèchement ancien d'un bras de mer ou d'un lac salé.

La couche supérieure de ces dépôts est formée de *carnallite*, chlorure double de potassium et de magnésium mélangé d'un peu de chlorure de sodium. Pour isoler le chlorure de potassium, on se fonde sur ce qu'il est beaucoup moins soluble à froid qu'à chaud, ce qui n'a pas lieu pour les deux autres sels : on dissout la carnallite à chaud, puis on laisse refroidir ; le chlorure de potassium se dépose presque pur, tandis que les autres sels restent dissous. Par des lavages à l'eau froide, on le débarrasse du chlorure de magnésium qu'il a entraîné.

Le chlorure de potassium est un sel incolore, cristallisé en cubes. Comme le chlorure de sodium, il est attaqué par l'acide sulfurique et décomposé par le courant électrique. Il sert par suite à préparer la potasse du commerce, la potasse caustique et le chlore, le chlorure décolorant de potassium ou *eau de Javel* et le chlorate de potassium (ClO^3K) ; ce dernier corps est employé à la fabrication de certaines poudres pour les feux d'artifice, des allumettes sans phosphore ; il sert aussi en pharmacie dans le traitement des maladies du pharynx.

CARBONATE DE POTASSIUM : CO^3K^2

58. Préparation.

Le carbonate de potassium est le plus souvent désigné sous le nom de *carbonate de potasse*, *potasse du commerce*, ou simplement *potasse*. On le prépare dans l'industrie par plusieurs procédés :

1° *Procédé Leblanc*. — On peut obtenir du carbonate de potassium par un procédé identique au procédé Leblanc de préparation de la soude, c'est-à-dire en calcinant du sulfate de potassium avec de la craie et du charbon. Mais il est impossible d'employer le procédé Solvay : pour la soude, la double décomposition du chlorure de sodium et du bicarbonate d'ammonium a lieu, parce qu'il se forme du *bicarbonate de sodium insoluble*. Or le bicarbonate de potassium est soluble, celui qui se forme reste dans la solution et la double décomposition s'arrête. Aussi, parallèlement au procédé Leblanc, applique-t-on souvent un grand nombre d'autres procédés pour préparer la potasse du commerce ; tous reviennent à l'extraire de ses sources naturelles (plantes terrestres : lessivage des cendres de végétaux ou des vinasses de betteraves et suint de mouton).

Remarque. — On emploie quelquefois pour le lessivage du linge, des *cendres*, au lieu de cristaux ou de carbonate de potassium : c'est que les cendres renferment du carbonate de potasse ; elles n'agissent que par la potasse qu'elles renferment.

59. Propriétés et usages.

Le carbonate de potassium est un sel blanc, anhydre, très *déliquescent*, ce qui le distingue du carbonate de sodium qui est efflorescent.

Il est *soluble dans l'eau*, et sa dissolution est alcaline, comme celle du carbonate de soude ; comme ce sel, il est indécomposable par la chaleur.

On emploie de grandes quantités de potasse du commerce dans la fabrication des *verres* fins : verre de Bohême, cristal, verres d'optique ; — dans celle des *savons mous*, dans la préparation de la potasse caustique, de l'eau de Javel, et parfois du chlorate de potassium. Enfin, le carbonate de potasse est souvent employé directement dans le dégraissage des étoffes de laine, dans le blanchiment des toiles, et dans le nettoyage des parquets et des murs (*eau seconde*) ; pour ces applications, on y ajoute généralement de la chaux qui met en liberté la potasse caustique, et c'est ce corps qui se combine aux taches de graisse en donnant un composé soluble.

POTASSE CAUSTIQUE : KOH

60. Propriétés.

La *potasse caustique* ou *hydrate de potassium*, qu'il ne faut pas confondre avec la potasse du commerce ou carbonate de potassium, est un corps solide, blanc, ayant les mêmes propriétés que la soude caustique. En particulier, c'est une **base très énergique.** A l'air, elle se liquéfie comme la soude en absorbant de la vapeur d'eau et du gaz carbonique; mais le carbonate de potassium formé étant déliquescent, la masse reste liquide, tandis qu'avec la soude nous avons vu que la masse, après s'être liquéfiée, redevient solide.

61. Usages.

La potasse caustique, à l'état de dissolution (*lessives de potasse*), sert à fabriquer les savons mous. Sa causticité la fait employer en médecine sous le nom de *pierre à cautères* pour ronger les chairs. Elle est employée fréquemment dans les laboratoires pour précipiter les bases insolubles.

62. Préparation.

La potasse caustique se prépare de la même façon que la soude caustique, en employant le chlorure de potassium au lieu du chlorure de sodium. Elle est coulée, soit en plaquettes, soit en bâtons constituant la pierre à cautères.

POTASSIUM

Symbole : K. — Masse atomique : 39.

63. Le potassium a les mêmes propriétés physiques et chimiques que le sodium. On peut le préparer par des procédés analogues ; il est d'ailleurs à peu près sans usages, car on peut toujours le remplacer par le sodium qui a les mêmes propriétés et que l'industrie prépare plus facilement.

64. Analogie du sodium et du potassium.

Nous avons pu constater, en étudiant ce chapitre, un grand nombre d'analogies entre le sodium et le potassium, ainsi qu'entre leurs composés. En particulier :

1° *Le potassium et le sodium* donnent *très facilement* avec l'eau des *hydrates alcalins*, ainsi appelés parce qu'ils sont de **véritables bases ou alcalis.** Ils donnent aussi *très facilement* des *carbonates*, qui ont de même une **réaction** alcaline ;

2° Les *hydrates et les carbonates alcalins sont* **solubles dans l'eau** et **indécomposables par la chaleur.** Par ce second groupe de propriétés, les métaux alcalins se distinguent de tous les autres métaux. Nous trouverons bien d'autres hydrates ou d'autres carbonates qui auront l'une ou l'autre de ces propriétés ; mais jamais, pour un même métal, on n'aura un hydrate et un carbonate qui seront **tous deux** solubles dans l'eau, et en même temps indécomposables par la chaleur ;

3° Les *métaux alcalins sont* **univalents.**

Le potassium et le sodium forment donc une véritable famille naturelle, avec quelques autres métaux qui constituent avec eux le groupe des *métaux alcalins.*

65. Expériences. — 1° *Composés du sodium.* — Montrer les principaux sels de sodium : chlorure, carbonate, sulfate, azotate. — Verser de l'acide sulfurique sur du chlorure de sodium, pour faire voir qu'il y a décomposition du sel. — Abandonner à l'air des cristaux de soude ; ils s'effleurissent. — Même expérience avec un morceau de soude caustique : elle se liquéfie, puis peu à peu redevient solide si on la laisse assez longtemps à l'air.

Fig. 12. — Décomposition de l'eau par le potassium.

Soude. — Ramener au bleu par addition de soude, la teinture de tournesol rougie par l'acide chlorhydrique. Précipiter les oxydes métalliques en versant de la soude dans une solution d'un sel de fer, de cuivre, etc.

Sodium. — Décomposition de l'eau. — Mettre dans l'eau quelques gouttes de tournesol rougi, elle bleuit.

2° *Composés du potassium.* — Montrer le chlorure, le carbonate, le sulfate, l'azotate de potassium. — Abandonner à l'air du carbonate de potassium et de la potasse caustique pour faire constater la déliquescence.

Potassium. — Expérience de la décomposition de l'eau. Si l'on fait l'expérience avec le sodium, l'hydrogène ne s'enflamme pas, à moins qu'on ne maintienne le sodium immobile sur l'eau ; mais alors l'expérience devient dangereuse à faire.

Potasse. — Mêmes expériences qu'avec la soude.

CHAPITRE IV

CARBONATE DE CALCIUM
CHAUX, CIMENTS ET MORTIERS
PLÂTRE

PLAN

Composés du calcium employés dans les constructions :
- **Carbonate** ou calcaire.
- **Chaux.**
- Sulfate (pierre à **plâtre**).

Carbonate et sulfate existent à l'état naturel. — C'est avec le carbonate qu'on prépare la chaux.

I. — Carbonate de calcium

I. — Diverses variétés.

II Propriétés
- 1° Soluble dans l'eau chargée de gaz carbonique, insoluble dans l'eau pure. Conséquences :
  - Dépôt de calcaire sur les parois des vases où on chauffe eau calcaire.
  - Stalactites, stalagmites.
  - Sources pétrifiantes.
- 2° Décomposition par les **acides**.
- 3° Décomposition par la **chaleur** : *Dissociation*.

III Usages
- Emploi du carbonate de calcium comme pierres de construction, pierre lithographique, marbres, craie, etc.
- Emploi du carbonate de calcium pour la fabrication du *gaz carbonique* et de *carbonates*.

II. — Chaux ou *oxyde de calcium*

I Préparation
- Décomposition du carbonate de Ca par la chaleur.
- Deux sortes de fours à chaux :
  - Fours intermittents.
  - Fours continus, plus perfectionnés

II Propriétés
- *a*) Action de l'**eau** :
  - *Chaux éteinte*, soluble dans l'eau.
  - Lait de chaux.
  - Eau de chaux.
- *b*) La dissolution est **basique**.

III Usages
- Principal usage :
  - Fabrication des mortiers.
  - Emploi des ciments dans les constructions.

III. — Mortiers et ciments

1° DIVERSES VARIÉTÉS DE CHAUX

1 *Chaux aériennes* (font prise avec l'eau, *à l'air*)	*Chaux grasse* Propriété :	Foisonne au contact de l'eau ; pâte liante. Provient de calcaires purs.
	Chaux maigre Propriété :	Foisonne peu avec l'eau ; pâte peu liante. Provient de calcaires impurs.
2 *Chaux hydrauliques* (font prise avec l'eau, *sous l'eau*)	Proviennent de calcaires renfermant 10 à 30 0/0 d'*argile*.	
3 *Ciments* (font prise avec l'eau, *à l'air et sous l'eau*)	Proviennent de calcaires renfermant 30 à 600/0 d'*argile*.	

2° MORTIERS

I Composition	Chaux, sable et eau.
II Diverses sortes	Mortiers ordinaires faits avec des chaux aériennes : durcissent à l'air grâce à la **chaux**. Mortiers hydrauliques faits avec des chaux hydrauliques : durcissent sous l'eau, grâce à l'*argile*.

3° CIMENTS

(Employés pour revêtir murs des maisons à l'extérieur, pour faire dallages, etc.)

IV. — Sulfate de calcium

I État naturel	Gypse ou pierre à plâtre (sulfate hydraté).
II Propriétés	Chauffé, se transforme en sulfate anhydre : **plâtre**.

Le sulfate de calcium n'est important que par le *plâtre*.

PLATRE

I Propriétés	Fait prise avec l'eau en augmentant de volume.
II Usages	Emploi dans les *constructions*. Emploi pour le *moulage*. Sert quelquefois d'amendement, en agriculture.
III Préparation	Deshydrater pierre à plâtre par la chaleur.

66. Le calcium (Ca) n'a aucune importance par lui-même ; mais quelques-uns de ses composés, le **carbonate** ou **calcaire**, l'oxyde ou **chaux**, le sulfate (**plâtre**), ont d'importantes applications pratiques. Le carbonate et le sulfate existent à l'état naturel ; la chaux est fabriquée industriellement.

I. — CARBONATE DE CALCIUM : CO^3Ca

67. Divers états.

Le carbonate de calcium ou *calcaire* est le corps le plus

répandu dans la nature. Il se présente sous de nombreux aspects : le *spath d'Islande* et l'*aragonite*, qui sont cristallisés dans deux systèmes différents. Les *marbres* et la *pierre lithographique ;* les marbres, blancs quand ils sont purs, sont souvent colorés par des oxydes métalliques, ils sont susceptibles d'être polis; la pierre lithographique, très compacte et d'un grain très fin, se polit facilement aussi et sert à la lithographie. Le *calcaire grossier* ou *pierre à bâtir* des environs de Paris; le *calcaire jurassique* employé aussi comme pierre de construction; la *craie*, calcaire blanc très friable à grains très fins, qui, sous le nom de *blanc d'Espagne* ou *blanc de Meudon*, sert à nettoyer les métaux et le verre, sont amorphes.

Enfin, on trouve du calcaire amorphe dans les os des vertébrés, les coquilles des œufs, le test de beaucoup d'animaux.

68. Propriétés.

1° Le carbonate de calcium est **insoluble dans l'eau pure,** mais **soluble dans l'eau chargée de gaz carbonique.** Si cette eau perd ensuite le gaz qu'elle tenait en dissolution, le carbonate se dépose. Ainsi, lorsqu'on chauffe de l'eau calcaire, le gaz carbonique se dégage et il se forme un dépôt de carbonate de calcium sur les parois du vase. C'est ce qui explique aussi la formation des *stalactites* et des *stalagmites* dans les grottes, et l'existence des *sources pétrifiantes*. Les eaux de ces sources, très chargées de calcaire lorsqu'elles coulent dans le sol, abandonnent une grande partie de leur gaz carbonique quand elles arrivent à l'air, et leur calcaire se dépose ; des objets placés dans l'eau se recouvrent ainsi d'une couche calcaire, qui leur donne l'aspect de la pierre. Exemple : fontaine de Saint-Allyre, à Clermont-Ferrand.

2° *Le carbonate de calcium est un* **sel** dont la base est la chaux et dont l'acide correspond à l'anhydride carbonique. Il peut *être décomposé par la plupart des acides*, en *chaux* qui se combine à l'acide, et en *gaz carbonique*. C'est un moyen de préparer ce gaz.

3° Sous l'action de la **chaleur,** *le carbonate de calcium se* **décompose** *en* **chaux** *et en* **gaz carbonique.** Si l'on chauffe en vase clos, la décomposition est *limitée :* il se produit ce qu'on appelle une **dissociation.**

Expérience. — On place un morceau de calcaire bien transparent (spath d'Islande) dans un tube de porcelaine communiquant d'une part avec un manomètre, d'autre part avec une machine pneumatique (pompe à mercure). Après avoir fait le vide dans le tube, on le chauffe. A partir de **450°** environ, le carbonate de calcium devient opaque et, en même temps, le manomètre indique une certaine pression **P** : il y a eu décomposition du calcaire en chaux et en gaz carbonique qui se comprime dans le tube, ce qui produit la pression constatée au manomètre. Tout en maintenant la température constante, **t**, on enlève du gaz avec la pompe. La pression diminue ; mais, dès qu'on cesse d'enlever du gaz, elle augmente et redevient **P**, puis reste fixe : cela prouve qu'il y a eu nouvelle décomposition du calcaire jusqu'à ce que la pression soit redevenue égale à **P**. Si, au contraire, on introduit du gaz carbonique dans le tube, la pression augmente ; mais, dès qu'on cesse de faire arriver du gaz, elle diminue pour redevenir encore **P**, la température étant toujours **t** : il y a donc eu combinaison d'une partie du gaz carbonique à la chaux pour ramener la pression à être **P**.

Conclusion. — *A une température* **t**, *il y a une pression bien déterminée* **P**, *qui limite deux phénomènes contraires :* 1° **décomposition** du calcaire en chaux et en gaz carbonique ; 2° **combinaison** de la chaux et du gaz carbonique pour donner du calcaire.

Ce qui est vrai pour la température **t** l'est aussi pour une autre température **t'** ; seulement la pression **P'** qui correspond à t' est différente de la pression **P**. Ce phénomène de décomposition limitée est ce qu'on appelle une dissociation [1].

Lorsqu'on décompose du calcaire en vase clos à une haute température, la pression du gaz formé peut être assez forte pour fondre le carbonate non décomposé. Par refroidissement, ce carbonate cristallise et se transforme en *marbre*. On pense que dans le sol, le marbre s'est formé d'une façon analogue, par la transformation du calcaire amorphe sous l'influence combinée de la chaleur et de la pression (*métamorphisme*).

69. Usages.

Les usages du carbonate de calcium sont très importants. On emploie des quantités considérables de calcaire amorphe comme *pierres de construction;* les marbres servent dans l'ornementation ; — la pierre lithographique est employée

[1] **Dissociation.** — Quand on décompose un corps par la chaleur, deux cas peuvent exister : ou bien les éléments de la décomposition ne peuvent pas se recombiner à la température à laquelle on opère : alors la *décomposition est complète* (décomposition du chlorate de potassium en oxygène et en chlorure de potassium) ; ou bien les éléments peuvent se recombiner à cette température : alors la *décomposition est limitée* par la recombinaison des éléments : elle est donc *incomplète* et les deux réactions sont dites **inverses** l'une de l'autre. On dit, dans ce cas, que le composé est **dissocié.** La décomposition limitée du carbonate de calcium en vase clos est un exemple de dissociation. — Beaucoup de corps peuvent se dissocier à une température plus ou moins élevée. Exemples : la vapeur d'eau au-dessus de **1.000**°. — l'anhydride sulfureux, le gaz carbonique, l'oxyde de carbone, l'acide chlorhydrique, etc. C'est par un phénomène de dissociation que la quantité de gaz carbonique contenue dans l'air reste à peu près invariable : car, pour une température fixe **t**, si la pression de ce gaz augmente dans l'air, si de **P** elle devient **P'** par exemple, le carbonate de calcium des eaux qui sont à la surface de la terre se combine à une partie de ce gaz en donnant du bicarbonate, et ramène la pression à être **P** ; si, au contraire, la pression diminue et devient par exemple **P''** inférieure à **P**, le bicarbonate se décompose en partie jusqu'à ce que le gaz carbonique qu'il dégage ramène la pression du gaz à **P**.

pour l'impression sur papier. La craie, en dehors de son emploi pour écrire sur les tableaux noirs, sert sous le nom de blanc d'Espagne. Une grande quantité de carbonate de calcium sert, en outre, à fabriquer la *chaux*, le *gaz carbonique*, la *potasse* et la *soude du commerce*. Mêlé à une forte proportion d'argile, il est extrait du sol sous le nom de *marne* et il est employé à cet état pour amender les terres.

II. — CHAUX : CaO

70. Préparation.

On prépare la chaux dans l'industrie, en *décomposant le* **carbonate de calcium** *ou pierre à chaux par la* **chaleur :**

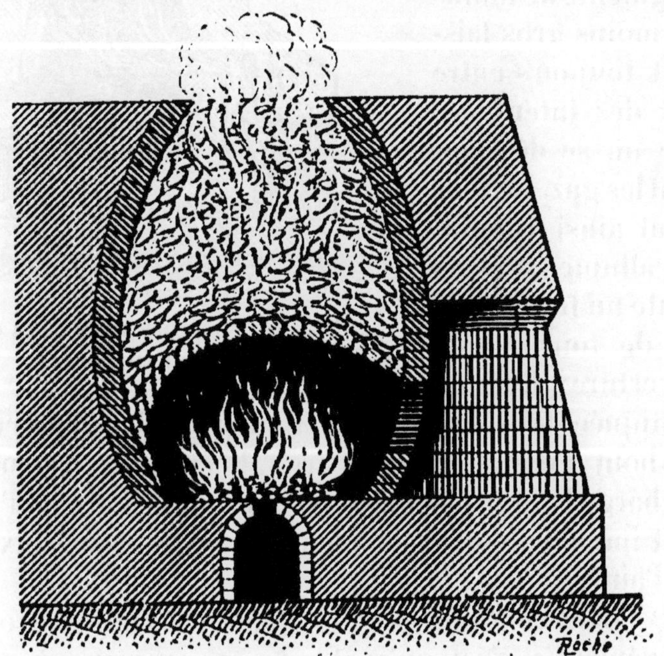

FIG. 13. — Fabrication de la chaux (four intermittent).

le gaz carbonique se dégage et la chaux reste. L'opération se fait dans des fours dits *fours à chaux*, qui ont une marche *intermittente* ou *continue*, suivant les cas.

1° ***Fours intermittents.*** — Les fours intermittents (*fig.* 13) sont construits en maçonnerie et revêtus intérieurement de briques réfractaires ; ils ont quelques mètres de hauteur. Pour les charger, on forme, — au-dessus de la grille sur laquelle on allumera du feu, — une sorte de voûte avec de gros morceaux de calcaire ; puis on achève de remplir le four avec des fragments de moins en moins gros laissant toujours entre eux des interstices par où se dégageront les gaz. Le four étant ainsi rempli, on allume sous la voûte un feu de bois ou de tourbe (une ouverture latérale pratiquée dans la paroi du four permet d'allumer ce feu). Au bout d'une semaine environ, la cuisson est terminée ; on décharge le four par une ouverture inférieure, et l'on introduit immédiatement la chaux dans des tonneaux, à l'abri de l'air.

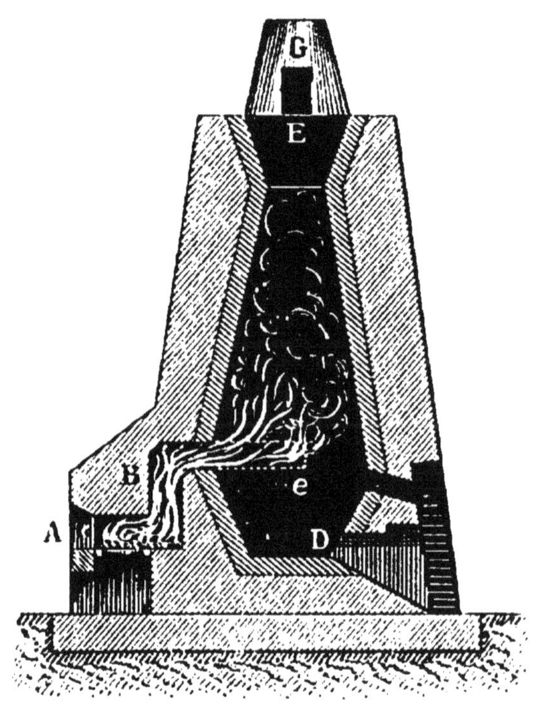

FIG. 14. — Fabrication de la chaux (four continu).

2° ***Fours continus.*** — Les fours intermittents ont un inconvénient : c'est qu'après chaque cuisson on est obligé d'arrêter le feu, de les laisser refroidir pour les décharger, puis de les recharger seulement après cette opération. Aussi les remplace-t-on presque toujours maintenant par les fours continus dits *fours coulants* (*fig.* 14). Ils sont généralement formés de deux troncs de cône réunis par leur base; on chauffe au moyen d'un foyer latéral A.

La flamme et les produits de la combustion provenant de ce foyer pénètrent dans le four par trois ouvertures (*e*) pratiquées dans la paroi et situées dans un même plan horizontal. Ils traversent toute la colonne de pierres calcaires que contient le four, l'échauffent et la transforment peu à peu en chaux; c'est au niveau des ouvertures (*e*) que la cuisson s'effectue le mieux. Toutes les douze heures, on retire par l'ouverture D la chaux formée qui se trouve au bas du four, et l'on recharge par le haut. On voit donc que la cuisson est continue, puisqu'on n'a pas besoin d'arrêter le feu toutes les fois qu'on décharge. De plus, la chaux obtenue a subi une cuisson plus régulière que dans les fours intermittents.

71. Propriétés.

La **chaux vive** ou *oxyde de calcium* est une substance solide, amorphe, blanche, grisâtre parfois, quand elle provient de calcaires impurs. Elle est indécomposable par la chaleur, et ne fond que dans le four électrique.

Sa propriété essentielle est de **se combiner très facilement à l'eau**; lorsqu'on verse un peu d'eau sur des fragments de chaux vive, l'eau est d'abord absorbée sans autre phénomène apparent; mais bientôt la chaux s'échauffe fortement; une partie de l'eau absorbée est réduite en vapeur, en même temps que la masse se gonfle, se fendille et tombe en poussière; on obtient ainsi ce qu'on appelle **la chaux éteinte**, qui n'est pas autre chose que de la chaux vive hydratée, de l'*hydrate de calcium* $Ca(OH)^2$.

Délayée dans de l'eau, la chaux éteinte forme une bouillie blanche plus ou moins épaisse qu'on appelle **lait de chaux.** Le lait de chaux, filtré, donne un liquide incolore, limpide qu'on appelle **eau de chaux,** et qui est une *dissolution* de chaux éteinte ; 1 litre d'eau dissout à peu près 1 gramme de chaux. Ce corps est donc très peu soluble.

La dissolution de chaux est **basique** : 1° elle ramène au bleu le tournesol rougi par un acide ; 2° elle se combine aux acides en donnant des sels de calcium ; c'est ainsi qu'à l'air elle se trouble par la formation de carbonate de calcium insoluble (il y a combinaison de la chaux avec l'anhydride carbonique de l'air) ; de même, la chaux vive, exposée à l'air, s'hydrate, puis se transforme en poussière de carbonate de calcium ; on dit qu'elle se *délite ;* c'est pour cette raison qu'elle doit être conservée à l'abri de l'air ; 3° la chaux déplace certaines bases de leurs sels : l'ammoniaque des sels d'ammonium, la potasse de la dissolution étendue et bouillante de carbonate de potassium, etc.

72. Usages.

La chaux sert à préparer la potasse, la soude, l'ammoniaque, le chlorure de chaux : elle est employée aussi comme amendement, mélangée avec de la terre et des débris végétaux ou animaux de toutes sortes. Mais son application la plus importante consiste dans la fabrication des **mortiers** employés dans les constructions. Pour comprendre cette application, il faut connaître d'abord les diverses variétés de chaux.

III. — MORTIERS ET CIMENTS

73. Diverses variétés de chaux.

Les calcaires employés pour la fabrication de la chaux renferment presque toujours de l'argile, de l'oxyde de fer, du carbonate de magnésium en proportions variables. Il en résulte que la chaux renferme aussi ces matières étrangères, et ses propriétés pratiques varient suivant la proportion d'impuretés qu'elle contient. On peut ainsi diviser les chaux en trois groupes : *chaux ordinaires* ou *aériennes*, *chaux hydrauliques* et *ciments*. Ces trois variétés de chaux sont employées dans les constructions, mais à des usages différents.

1° *Chaux ordinaires ou aériennes.* — Les chaux aériennes sont celles qu'on emploie dans les constructions ordinaires; on les oppose aux chaux hydrauliques, qui servent dans les constructions faites sous l'eau. Elles comprennent les *chaux grasses* et les *chaux maigres*.

La *chaux grasse* augmente beaucoup de volume (2 fois à 2 fois et demie) et dégage beaucoup de chaleur en *s'éteignant*; on dit qu'au contact de l'eau elle *foisonne*. Elle est très blanche, douce et onctueuse au toucher et forme avec l'eau une pâte liante. Elle provient de calcaires presque purs

La *chaux maigre* foisonne peu; elle forme avec l'eau une pâte peu liante, et elle est grise ou jaune. Elle provient de calcaires renfermant un peu de magnésie, d'oxyde de fer et d'argile.

2° *Chaux hydrauliques.* — Les chaux hydrauliques forment avec l'eau une pâte sèche et courte, comme les chaux maigres. Mais elles ont la propriété, que n'ont pas les chaux aériennes, de *faire prise* sous l'eau, c'est-à-dire de se solidifier : c'est ce qui permet leur emploi dans les constructions hydrauliques.

Les chaux hydrauliques proviennent de la calcination d'un calcaire renfermant de 10 à 30 0/0 d'argile; ce calcaire est donc plus argileux que celui qui donne les chaux aériennes. Entre ces limites, 10 et 30 0/0, la chaux est d'autant plus hydraulique, c'est-à-dire durcit d'autant plus vite sous l'eau, qu'elle est plus argileuse : ainsi, la chaux ne renfermant que 10 à 15 0/0 d'argile fait prise sous l'eau au bout de huit jours environ, et au bout de plusieurs mois, elle n'a encore acquis qu'une consistance moyenne; au contraire, la chaux renfermant près de 30 0/0 d'argile durcit au bout de quatre jours et arrive à acquérir une très grande dureté, après quelques mois.

3° *Ciments.* — Le ciment est une variété de chaux qui, gâchée avec de l'eau, se solidifie *en quelques instants soit à l'air, soit sous l'eau.* Elle provient de calcaires très argileux, renfermant de 30 à 60 0/0 d'argile.

71. Mortiers.

Les chaux aériennes et les chaux hydrauliques servent à la fabrication des mortiers ; les ciments sont employés directement.

Les mortiers sont des substances destinées à unir les matériaux de construction ; ils sont formés de chaux et de sable mélangés entre eux et avec de l'eau : ce mélange ayant la propriété de durcir au bout d'un certain temps, il soude pour ainsi dire entre elles les pierres avec lesquelles il est en contact.

Les mortiers ordinaires sont faits avec des chaux aériennes. Ils acquièrent peu à peu une très grande dureté à l'air, parce que la chaux qu'ils contiennent s'unit au gaz carbonique et se transforme en carbonate ayant la consistance du calcaire ordinaire. Si la chaux était seule, elle subirait en se solidifiant un retrait considérable qui laisserait des vides entre les pierres de construction. Le sable qu'on ajoute supprime cet inconvénient ; de plus, il détermine une adhérence parfaite entre le calcaire du mortier et les matériaux de construction. Dans l'eau, les mortiers ordinaires se désagrègent, tout comme le font les chaux aériennes ; on ne peut donc les employer pour les constructions hydrauliques.

Dans le cas de constructions sous l'eau, ce sont les mortiers faits avec des chaux hydrauliques que l'on emploie. Leur durcissement est dû à l'argile qu'ils renferment. Pendant la calcination du calcaire dans les fours à chaux, l'argile, silicate d'aluminium hydraté, a perdu son eau, de sorte que la chaux hydraulique est un mélange de chaux vive et de silicate *anhydre* d'aluminium. Or, dès que ce mélange est au contact de l'eau, le silicate tend à la fois à s'hydrater et à se combiner à la chaux en donnant un silicate double d'aluminium et de calcium, composé *insoluble et très dur*. La solidification des mortiers hydrauliques a donc une cause toute différente de celle des mortiers ordinaires, et l'on peut facilement faire des **chaux hydrauliques artificielles**, en mélangeant des chaux ordinaires avec des argiles cuites, ou en calcinant un mélange en proportions convenables d'argile et de calcaire.

Le *béton* est formé par un mélange de chaux hydrauliques avec de petites pierres et du sable. On l'applique par couches successives sur un terrain humide, pour former un sol imperméable et dur sur lequel on peut ensuite construire. Les piles de ponts reposent toujours sur un sol de béton.

75. Ciments.

Les ciments sont employés pour revêtir les murs des maisons à l'extérieur, pour faire des marches d'escalier, des dallages, etc. On utilise, dans tous ces cas, la propriété qu'ils ont de pouvoir être gâchés avec l'eau en formant une pâte qui se solidifie au bout de quelques instants.

Les ciments naturels sont fabriqués avec des calcaires renfermant de 30 à 60 0/0 d'argile ; on trouve beaucoup de ces calcaires en Angleterre, dans divers comtés (ciment de Portland) ; et, en France, à Vassy (Yonne), à Boulogne-sur-Mer, etc. Mais on fabrique aussi beaucoup de ciments en calcinant un mélange fait *artificiellement* de calcaire et d'argile ; suivant la température à laquelle on a porté le mélange, le ciment obtenu se solidifie avec l'eau plus ou moins rapidement.

IV. — SULFATE DE CALCIUM : SO^4Ca

76. État naturel.

Le sulfate de calcium existe en grande quantité dans le

sol, soit à l'état anhydre, ce qui est rare, soit le plus souvent à l'état hydraté, sous le nom de **gypse** ou **pierre à plâtre,** correspondant à la formule $SO^4Ca + 2H^2O$. A cet état, il forme des masses considérables dans le terrain tertiaire des environs de Paris (Montmartre, Belleville) et dans d'autres régions (Vosges), au voisinage du sel gemme.

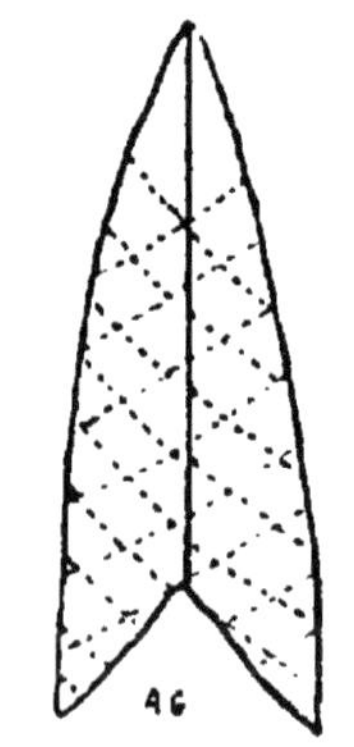
FIG. 15. — Gypse en fer de lance.

77. Propriétés.

Le gypse se présente sous des formes variées : il est parfois cristallisé très nettement, et les cristaux sont groupés sous la forme de lentilles aplaties ou de *fers de lance* (*fig.* 15), dont on peut détacher facilement des lamelles minces incolores et transparentes. Le plus souvent il est en masses compactes, d'un blanc jaunâtre, à texture grenue rappelant celle du sucre (texture *saccharoïde*). Il se laisse facilement rayer par l'*ongle*.

Le sulfate de calcium est très peu soluble dans l'eau : **1** litre d'eau en dissout à peu près **2** grammes à la température ordinaire; les eaux chargées de sulfate de calcium ou *eaux séléniteuses* sont indigestes et impropres au savonnage et à la cuisson des légumes.

Chauffé vers 130°, *le gypse perd ses* **2** *molécules d'eau, devient friable et constitue le* **plâtre.** Cette substance, réduite en poudre et gâchée avec de l'eau, forme une bouillie liquide qui se prend bientôt en une masse solide, en augmentant de volume : la solidification est due à ce que le plâtre, reprenant son eau de cristallisation, se transforme en cristaux de sulfate hydraté, enchevêtrés les uns dans les autres. Si la température a été portée au-dessus de **130°**, le plâtre formé ne reprend que lentement son eau ou ne la reprend pas du tout.

Le plâtre doit être conservé à l'abri de l'humidité, car à

l'air humide il absorbe peu à peu de la vapeur d'eau, et dès lors il ne peut plus *faire prise* avec l'eau; on dit qu'il est *éventé*.

78. Plâtre.

C'est à l'état de plâtre que le sulfate de calcium est employé. Presque tous les usages du plâtre dérivent de son action sur l'eau ; c'est parce qu'il se prend avec l'eau en une masse très dure qu'on l'emploie pour revêtir les murailles, les plafonds, et en général les parties intérieures d'une maison, pour combler les interstices laissés entre les matériaux de construction, pour sceller le fer dans la pierre, etc. Si on le délaye dans une dissolution chaude de colle forte, on obtient le *stuc*, qui se solidifie moins vite que le plâtre, mais qui acquiert une très grande dureté et peut facilement être poli : en ajoutant à la pâte des oxydes colorés variables, on obtient des stucs imitant les marbres et employés dans l'ornementation intérieure des maisons (colonnes, lambris, etc.).

Versée dans un moule ou sur un objet, sur une médaille par exemple, la bouillie, faite de plâtre et d'eau, se solidifie peu à peu et remplit exactement tous les creux de l'objet, grâce à son augmentation de volume. Le morceau de plâtre, retiré ensuite du moule, en reproduit avec finesse tous les détails. Cette propriété fait employer le plâtre pour la reproduction des médailles, des statues, et pour la confection de moules divers : c'est ainsi que dans les fabriques de porcelaine, presque tous les objets se font en moulant ou en coulant de la pâte à porcelaine dans un moule de plâtre qui absorbe l'eau de la pâte et la dessèche.

En agriculture, on emploie le plâtre comme *amendement*, surtout pour la culture des légumineuses et en particulier des prairies artificielles.

79. Préparation du plâtre.

On obtient le plâtre en déshydratant par la chaleur les

pierres à plâtre. Pour cela, avec de gros morceaux de pierre à plâtre (*fig.* 16), on construit de petites voûtes sur lesquelles on empile des morceaux de plus en plus petits; puis on allume sous les voûtes des feux de fagots qui échauffent peu à peu les pierres et les déshydratent. Il faut que la calcination soit menée très doucement pour que la température ne dépasse pas 130° ; la cuisson est terminée au bout de dix à douze heures. Malgré toutes les précautions

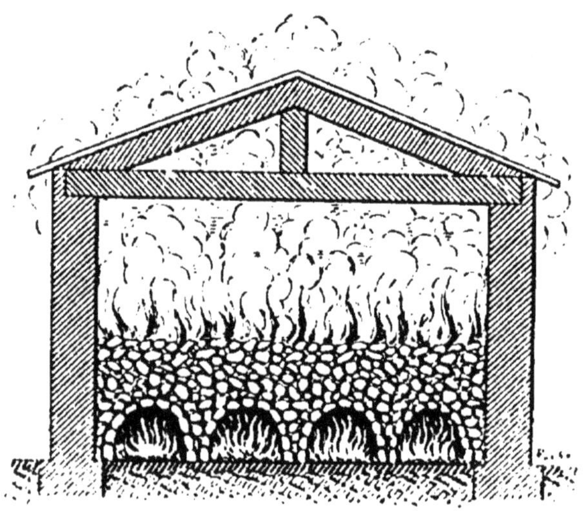

Fig. 16. — Four à plâtre.

prises, il y a toujours une partie du plâtre qui est trop cuite : c'est celle qui s'est formée le plus près du foyer; l'autre, la plus éloignée du feu, ne l'est pas assez. Ces variétés de plâtre ne sont bonnes ni l'une ni l'autre, car elles ne font pas prise avec l'eau ; mais, pulvérisées avec le reste du plâtre obtenu, elles donnent un mélange qui s'hydrate facilement, sans une trop grande élévation de température; c'est ce mélange que l'on emploie toujours. Il existe, pour le plâtre comme pour la *chaux*, des fours à marche continue.

80. Expériences. — Verser goutte à goutte, au moyen d'une pipette, de l'eau sur de la chaux vive ; chaque goutte est immédiatement absorbée, puis, après quelques minutes, l'eau se vaporise, la masse se fendille et gonfle. — Montrer comment se préparent le lait de chaux, l'eau de chaux. — Verser du tournesol rougi par un acide dans de l'eau de chaux : il devient bleu. — Laisser un peu d'eau de chaux à l'air : elle se trouble peu à peu. — Triturer un sel ammoniacal avec de la chaux pour faire constater que l'ammoniaque se dégage (la chaux déplace donc les bases volatiles). — Faire un mortier, le laisser durcir à l'air.

Plâtre. — Dans une petite quantité d'eau, verser peu à peu du plâtre, en agitant avec une baguette, et former ainsi une bouillie assez épaisse. En laisser une partie à l'air, pour faire constater la solidification ; employer l'autre partie à mouler un objet (médaille, pomme, par exemple). Voir, pour la façon de faire les moulages, le livre *Exercices pratiques de chimie*, par A. Mermet.

Exercice d'observation. — Les élèves pourront avoir à rédiger toutes les observations faites au cours de leurs promenades sur l'emploi de la chaux, du ciment et des mortiers dans la construction d'une maison ; sur la façon dont s'y prend l'ouvrier pour faire du mortier, pour gâcher du plâtre, etc.

CHAPITRE V

VERRES

PLAN

I. — Verres

I Propriétés	Se ramollissent par la chaleur et deviennent **plastiques**.		
	Sont des silicates doubles renfermant un métal alcalin et du calcium ou du plomb.		
II Principaux groupes de verres	*Verres ordinaires*	*Verres à vitres.*	
		Verre de Bohême.	
		Crown-glass.	
		Verre à bouteilles.	
	Verres à base de plomb	*Cristal.*	
		Flint-glass.	
		Strass.	
		Émail.	
III Fabrication du verre	*Matières premières employées*	Sable ou quartz.	
		Carbonate de potassium ou de sodium.	
		Craie ou minium.	
	Préparation de la pâte.		
	Travail du verre :	Soufflage.	
		Moulage.	
		ou Coulage.	
	Recuit.		
	Taille et décoration du verre.		

81. L'étude des verres peut se rattacher à celle des métaux puisque ce sont des silicates doubles renfermant un *métal alcalin*, avec du *calcium* ou du *plomb*.

I. — VERRES

82. Propriétés.

Les verres sont des corps transparents, durs et cassants, non cristallisés, ayant une cassure spéciale dite *cassure vitreuse*. Leur propriété essentielle est de **se ramollir** *progressivement par la* **chaleur,** *en passant par tous les degrés* *de l'état pâteux*. On peut, à cet état, les façonner comme de la pâte, les étirer en fils ou en tubes, les mouler, les couler, en un mot leur donner toutes les formes désirées. C'est grâce à cette propriété que les verres peuvent être employés à la fabrication de tant d'objets divers.

Lorsque du verre fondu est refroidi *tout entier brusquement*, il devient très dur, mais aussi très fragile (*verre trempé*). C'est ainsi qu'on peut le frapper à coups de marteau sans le casser ; mais dès qu'il est cassé en un point, toute la masse se réduit en poudre (larmes bataviques). Ce refroidissement brusque peut s'obtenir en faisant tomber du verre fondu dans l'eau froide. Lorsqu'on laisse se refroidir **à l'air** du verre ramolli, les parties superficielles se refroidissent et se solidifient beaucoup plus vite que l'intérieur ; aussi le verre obtenu est-il extrêmement fragile ; c'est ainsi qu'un choc, une faible variation de température produite par un courant d'air, peuvent suffire à déterminer la rupture d'un verre épais ainsi refroidi. C'est pour éviter cette fragilité que tous les objets de verre, une fois fabriqués, doivent être **recuits**, c'est-à-dire réchauffés au rouge sombre dans un four, puis refroidis très lentement et avec régularité, par l'abaissement graduel de la température du four.

Les verres sont *mauvais conducteurs de la chaleur* ; chauffés en un seul point, ils se fendent. Cela explique que les vases de verre se cassent souvent quand on y verse brusquement un liquide chaud, ou quand on les chauffe sur la flamme d'un bec de gaz sans toile métallique (ballons et cornues). C'est aussi la raison pour laquelle on peut couper un tube de verre au moyen d'une *goutte de verre fondu* : après avoir fait un petit trait de lime sur le tube, à l'endroit où on veut le couper, on pose dans la continuation de ce trait une goutte de verre fondu qui détermine la fêlure du tube dans le prolongement du trait de lime et sur le trait lui-même.

L'air et l'eau n'attaquent que très lentement le verre, et c'est encore ce qui contribue à donner à ce corps une grande importance pratique. On peut se rendre compte de l'altération du verre par l'air humide, en examinant les vitres des vieux bâtiments; ils s'écaillent en minces lamelles irisées, et ont perdu leur transparence : on dit alors que le verre est *dévitrifié*.

Le verre n'est attaqué rapidement que par l'acide *fluorhydrique*, ce qui fait employer ce corps pour la gravure chimique sur verre.

83. Composition.

Les verres sont toujours des silicates doubles renfermant un métal alcalin; mais leur composition varie suivant les propriétés qu'on veut leur donner. Les silicates alcalins sont très fusibles, solubles dans l'eau ; le silicate de calcium est peu fusible, insoluble dans l'eau, mais il cristallise trop facilement. Le mélange du silicate de calcium à un silicate alcalin donne un bon verre, qui n'est pas trop fusible, qui est insoluble dans l'eau et qui ne cristallise pas. *Les verres formés d'un silicate alcalin et de silicate de calcium constituent le groupe des* **verres ordinaires.**

Le silicate de plomb, uni à un silicate alcalin, donne un verre plus fusible que les précédents, ayant beaucoup de sonorité et de transparence, et doué d'un pouvoir réfringent qui le fait employer en optique. *Les verres formés d'un silicate alcalin et de silicate de plomb constituent le groupe des* **verres à base de plomb.**

Dans chacun de ces groupes, nous trouvons plusieurs sortes de verres, différant par la nature du métal alcalin, les proportions des corps employés, la pureté des matières premières, les matières colorantes ajoutées. Ces variations dans la composition produisent des différences dans les propriétés.

84. Verres ordinaires.

Les verres ordinaires comprennent.

1° Le *verre à vitres,* silicate double de sodium et de calcium; il a une couleur verdâtre. On l'emploie pour faire les vitres et les glaces;

2° Le *verre de Bohême,* renfermant du potassium au lieu de sodium. Il est transparent, parfaitement incolore, léger, peu fusible et peu altérable. On l'emploie pour faire les cornues, les tubes pour les laboratoires, les carafes, les verres à boire, etc.;

3° Le *crown-glass,* plus riche en potassium que le verre de Bohême; il est employé pour faire des instruments d'optique, parce qu'il est très réfringent;

4° Le *verre à bouteilles,* fait avec des débris de verre de toute nature et avec des produits impurs: il contient de la magnésie, et de l'oxyde de fer qui le colore en vert et le rend très fusible.

85. Verres à base de plomb.

Les verres à base de plomb comprennent :

1° Le *cristal,* silicate de *potassium* et de plomb, préparé avec des produits purs. Il est tout à fait incolore, très transparent, sonore, comme le verre de Bohême; mais il est beaucoup plus dense. On l'emploie pour la verrerie de luxe;

2° Le *flint-glass,* plus riche en plomb que le cristal, plus dense et plus réfringent que les verres ordinaires. On l'emploie pour les instruments d'optique;

3° Le *strass,* encore plus riche en plomb que le flint-glass, le plus dense et le plus réfringent de tous les verres, ce qui le fait employer pour imiter le diamant;

4° L'*émail,* qui est un cristal rendu opaque par du bioxyde d'étain ou du phosphate de calcium; on le colore souvent par ces oxydes métalliques. Il sert à revêtir un grand nombre d'objets de fer, que l'on veut préserver de l'oxydation.

86. Fabrication du verre.

1° *Matières premières employées.* — Pour fabriquer les différentes espèces de verre, on mélange des corps qui, chauffés suffisamment, réagissent les uns sur les autres et produisent les silicates doubles qui constituent les verres. Les matières premières employées sont : le *sable* ou le *quartz* pulvérisé, constituant la *silice* qui donnera le silicate ; les carbonates ou sulfates de *potassium* ou de

Fig. 17. — Four pour la fabrication du verre.

sodium, la craie (carbonate de *calcium*), ou le minium (oxyde de *plomb*), suivant qu'il s'agit de verres ordinaires ou de verres à base de plomb.

Les verres fins (verres de Bohême, cristal, etc.) sont obtenus avec des matières de premier choix ; le verre à vitres est fait avec du sable ordinaire ; le verre à bouteilles, avec du sable ferrugineux et de la marne, auxquels on ajoute du calcaire, du sulfate de sodium et des débris de verre *de toute sorte*.

2° *Préparation de la pâte.* — Les matières premières sont mélangées avec des débris de verre *semblable à celui qu'on fabrique* et placées sous les arches d'un vaste fourneau circulaire chauffé au bois, à la houille ou à l'oxyde de carbone, parfois même à l'électricité. Elles y subissent une première calcination appelée *fritte*. Puis elles sont introduites dans de grands creusets en terre réfractaire chauffés au rouge vif dans la partie la plus chaude du fourneau, (*fig.* 17). La masse fond peu à peu; diverses décompositions et combinaisons se produisent, qui aboutissent à la formation du verre, tandis qu'à la surface de la masse fondue montent des matières solides; elles forment une écume (*fiel du verre*) qu'on enlève avec des cuillers de fer. Si le verre est coloré par de l'oxyde de fer, on y ajoute un peu de bioxyde de manganèse (savon des verriers), qui le décolore. Au bout de dix heures environ, le mélange est devenu très fluide; on laisse baisser le feu dans les fours pour amener le verre à l'état pâteux, puis on le travaille.

3° ***Travail du verre.*** — Le verre se façonne par divers procédés : le soufflage, le moulage et le coulage.

a) **Soufflage.** — L'ouvrier cueille une certaine quantité de verre dans le creusel, au moyen d'une canne de fer creuse de **1**m,**50** de long environ, entourée à sa partie supérieure d'un manchon de bois qui permet de la tenir sans se brûler. En soufflant dans la canne en même temps qu'on lui imprime des mouvements convenables, on arrive à donner à la masse de verre creuse qui se trouve à son extrémité des formes très variées, par exemple celles que représente la figure 18. Lorsqu'on est arrivé à la forme voulue, on détache l'objet en mettant une goutte d'eau à l'endroit où on veut le séparer et en imprimant une secousse à la canne.

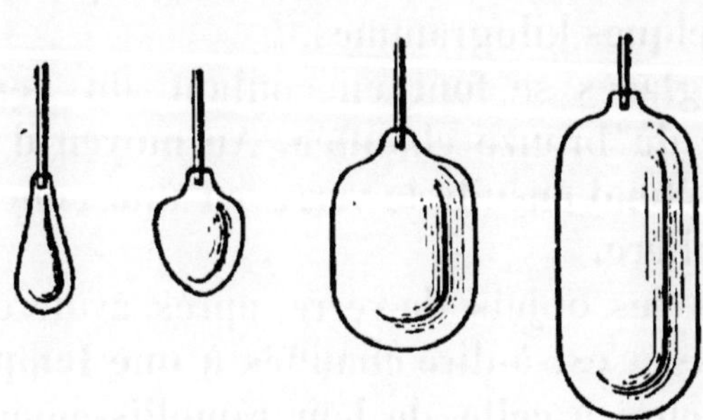

FIG. 18. — Différentes formes que peut prendre le verre par le soufflage.

C'est de cette façon que se préparent beaucoup d'objets, et en particulier les vitres : on fabrique par le soufflage un gros cylindre creux fermé, qu'on coupe à ses deux extrémités, qu'on fend longitudinalement et qu'on étend sur une plaque de fonte chauffée.

b) **Moulage.** — Pour un grand nombre d'objets, on opère par moulage, ou mieux par *soufflage et moulage réunis*. On donne à l'objet, par le soufflage, sa forme grossière, puis on l'introduit dans un moule de l'objet à reproduire et en soufflant dans la canne, on force le verre à prendre exactement la forme du moule. C'est ainsi qu'on opère pour les bouteilles, les carafes, les flacons, pour beaucoup de verres à boire, etc. Les vitres cannelées, très employées maintenant, se font aussi de cette façon; pendant qu'on souffle le verre, on l'introduit dans un moule cylindrique à parois intérieures cannelées, et on continue à souffler jusqu'à ce que le verre ait rempli bien exactement le moule. On termine ensuite comme pour les verres ordinaires.

Soufflage à air comprimé. — Le soufflage du verre étant très pénible pour l'ouvrier, on le remplace souvent par le soufflage à l'air comprimé; on fait arriver dans la canne, de l'air provenant de réservoirs en acier où des pompes l'ont comprimé à quelques kilogrammes.

c) **Coulage.** — Les glaces se font en coulant du verre liquide sur une table de bronze chauffée. Au moyen d'un rouleau de fonte, on étend ensuite le verre en une couche d'une épaisseur régulière.

4° ***Recuit.*** — Tous les objets de verre, après avoir été façonnés, sont recuits, c'est-à-dire chauffés à une température un peu inférieure à celle de leur ramollissement, puis refroidis très lentement.

5° ***Taille et décoration du verre.*** — On *taille* le verre au moyen de meules en grès sur lesquelles coule sans cesse, pendant qu'elles tournent, du sable mouillé; le verre, en même temps qu'il se taille, se dépolit. Il faut alors, pour lui rendre son poli, le passer sur des meules plus douces de liège ou de caoutchouc.

On *grave* sur le verre, soit en l'attaquant par l'acide fluorhydrique (§ 104), soit en faisant tracer le dessin par de fines pointes d'acier ou de silex qui creusent le verre. Le verre dépoli s'obtient au moyen d'un jet de sable lancé sous haute pression contre la surface du verre.

On *peint* sur verre, au moyen de couleurs faites généralement d'oxydes métalliques. Les verres peints doivent être soumis à une nouvelle cuisson.

87. Expériences. — Montrer des échantillons de différents verres. — Ramollir, courber, étirer un tube de verre. -- Rayer le verre avec un couteau d'acier.

CHAPITRE VI

FONTE, FER, ACIER

PLAN

I. — Métallurgie

A. — Minerais de fer

- Oxydes
  - Sesquioxyde anhydre (fer oligiste, ocre rouge, hématite rouge).
  - Sesquioxyde hydraté (limonite, fer oolithique, hématite brune).
  - Oxyde magnétique.
- Carbonate : Fer spathique.

B. — Traitement mécanique

Triage. — Broyage. — Bocardage. — Lavage.

C. — Traitement chimique

- **I Métallurgie de la fonte** (Combinaison de fer et de carbone : 2 à 5 0/0 de carbone)
  - *Méthode des hauts fourneaux*
    - Principe : Réduction par le charbon et l'oxyde de carbone à haute température : formation de *fonte* et d'une *scorie* (silicate double d'aluminium et de calcium).
    - Description du haut fourneau.
    - Fonctionnement
      - Marche ascendante des gaz. — Récupérateurs.
      - Marche descendante des solides.
- **II Métallurgie du fer**
  - Principe : Décarburer la fonte.
  - Procédé le plus employé : *Puddlage*.
- **III Métallurgie des aciers** (Combinaisons de fer et de carbone : moins de 2 0/0 de carbone)
  - 1° Procédés de fabrication de **petites quantités d'acier**
    - Décarburer partiellement la fonte : *acier puddlé*.
    - Carburer le fer : *acier de cémentation*.
  - 2° Procédés de fabrication de **grandes masses d'acier**
    - *Procédé Bessemer* : on décarbure la fonte, puis on carbure le fer avec une quantité connue de charbon. On peut ainsi avoir des aciers de composition déterminée d'avance.

II. — Propriétés et usages

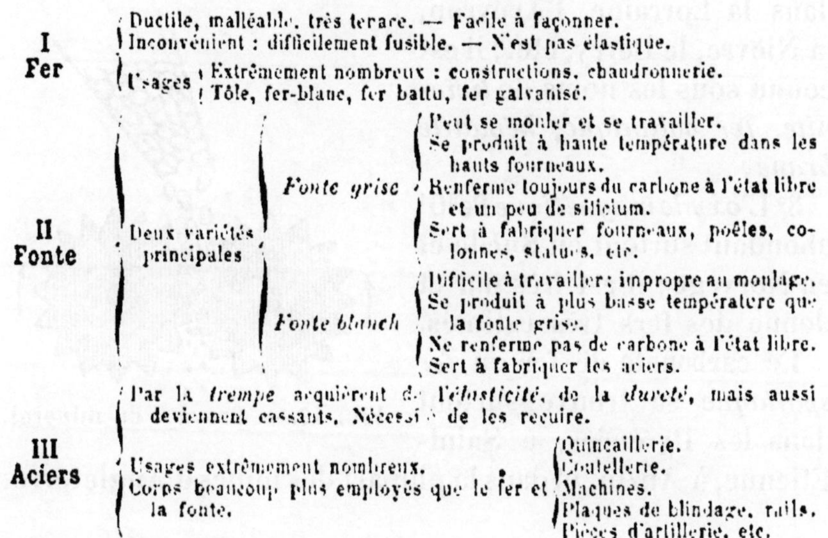

I Fer
- Ductile, malléable, très tenace. — Facile à façonner.
- Inconvénient : difficilement fusible. — N'est pas élastique.
- Usages
  - Extrêmement nombreux : constructions, chaudronnerie.
  - Tôle, fer-blanc, fer battu, fer galvanisé.

II Fonte
- Deux variétés principales
  - *Fonte grise*
    - Peut se mouler et se travailler.
    - Se produit à haute température dans les hauts fourneaux.
    - Renferme toujours du carbone à l'état libre et un peu de silicium.
    - Sert à fabriquer fourneaux, poêles, colonnes, statues, etc.
  - *Fonte blanche*
    - Difficile à travailler : impropre au moulage.
    - Se produit à plus basse température que la fonte grise.
    - Ne renferme pas de carbone à l'état libre.
    - Sert à fabriquer les aciers.

III Aciers
- Par la *trempe* acquièrent de l'*élasticité*, de la *dureté*, mais aussi deviennent cassants. Nécessité de les recuire.
- Usages extrêmement nombreux. Corps beaucoup plus employés que le fer et la fonte.
  - Quincaillerie.
  - Coutellerie.
  - Machines.
  - Plaques de blindage, rails.
  - Pièces d'artillerie, etc.

88. Le fer est le plus important de tous les métaux. On l'emploie soit à l'état de **fer**, soit à l'état de **fonte** et surtout d'**aciers**, la fonte et les aciers n'étant pas autre chose que du fer renfermant une petite proportion de carbone.

89. Minerais de fer.

Le fer est très répandu dans la nature ; ses principaux composés naturels sont des *oxydes*, du *sulfure*, du *carbonate*. Le sulfure de fer ou pyrite n'est pas employé comme minerai de fer, parce que le fer qu'il fournit contient toujours du soufre qui le rend cassant, et d'ailleurs ce composé est utilisé pour la préparation de l'acide sulfurique. Les seuls minerais du fer sont donc les *oxydes* et le *carbonate*.

Les **oxydes** sont très abondants. On distingue :

1° Le *sesquioxyde de fer anhydre* Fe^2O^3, quelquefois cristallisé (*fer oligiste* de l'île d'Elbe et des Vosges), le plus souvent amorphe ; il existe alors en masses compactes et terreuses constituant l'*ocre rouge* et l'*hématite rouge ;*

2° Le *sesquioxyde de fer hydraté*, très abondant en France, dans la Lorraine, l'Aveyron, la Nièvre, le Berry, etc.; il est connu sous les noms de *limonite*, *fer oolithique*, *hématite brune*;

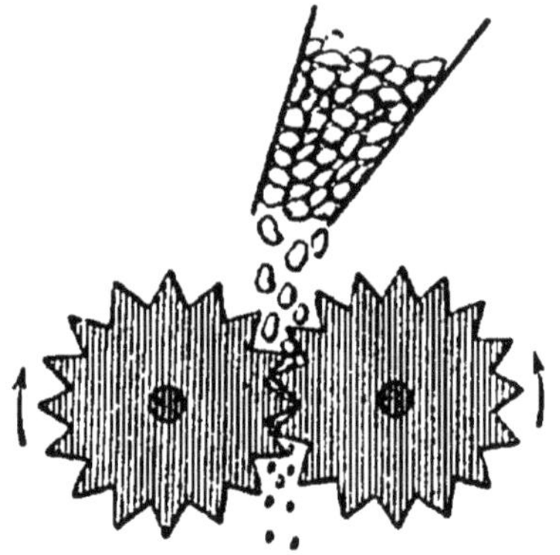

FIG. 19. — Broyage du minerai.

3° L'*oxyde magnétique* Fe^3O^4 abondant surtout en Suède et en Norvège; il est très pur et donne des fers très estimés.

Le **carbonate** de fer ou *fer spathique* se trouve surtout dans les Pyrénées, à Saint-Étienne, à Anzin, et dans la plupart des mines d'Angleterre.

90. Traitement mécanique du minerai.

FIG. 20. — Bocardage du minerai.

Avant d'extraire le métal du minerai, il faut séparer celui-ci de la plus grande partie de sa gangue. Le procédé employé s'applique à la plupart des métaux; après avoir concassé grossièrement le minerai, on le *trie* à la main pour séparer les morceaux formés de gangue seulement de ceux qui sont composés de gangue et de minerai. Ceux-ci sont *broyés* entre des cylindres cannelés (*fig.* 19), puis *pulvérisés* à l'aide de pilons ou

bocards (*fig.* 20). La poudre obtenue est lavée dans des auges inclinées; le courant d'eau entraîne très loin les particules les moins denses, qui sont les matières terreuses, et le minerai plus lourd reste presque sur place; ainsi se produit un dernier triage, grâce à la différence de densité du minerai et de la gangue.

TRAITEMENT CHIMIQUE DU MINERAI MÉTALLURGIE DE LA FONTE

91. Principe.

Le carbonate de fer se transformant par la chaleur en oxyde, le traitement du minerai est le même, qu'on ait affaire à un oxyde ou à un carbonate. Il suffit de *chauffer le minerai au rouge avec du* **charbon** *pour que l'oxyde de fer soit* **réduit** *et que le fer soit mis en liberté.* En théorie, le traitement est donc très simple. Seulement il faut pouvoir agglomérer le fer formé ; or il est intimement mélangé à la gangue que contient le minerai, même après le traitement mécanique, et ses particules ne peuvent se réunir que si **toute la masse fond;** lorsqu'on chauffe jusqu'à la température de fusion du fer (**1.500°**), une partie du métal se combine, à cette haute température, avec la silice et l'argile infusibles de la gangue, en donnant un silicate double **fusible** d'aluminium et de **fer.** On peut isoler le fer non combiné, mais une grande partie (30 0/0) se trouve perdue. Ce procédé n'est donc pas économique ; tout au plus peut-on l'employer pour des minerais très riches.

Il faut donc, pour pouvoir agglomérer le fer, trouver un moyen de **rendre la gangue fusible, sans que le fer s'y combine.** A cet effet, lorsque la gangue est siliceuse, on ajoute au minerai une certaine quantité de carbonate de calcium (*castine*), dont la chaux se combine à l'argile de la gangue en donnant un silicate double d'aluminium et de calcium qui constitue le **laitier** ou **scorie** (si la gangue est calcaire, c'est de l'argile qu'on ajoute pour former le même silicate double). Seulement, ce silicate étant moins fusible que le silicate d'aluminium et de fer, il faut pour le fondre élever davantage la température; et alors le fer se combine au charbon en donnant la **fonte.** Cette méthode, appelée **méthode des hauts fourneaux,** employée partout maintenant, doit donc être suivie d'une seconde opération qui enlève le charbon de la fonte, toutes les fois que c'est le fer pur qu'on veut obtenir.

92. Méthode des hauts fourneaux.

Un haut fourneau est un appareil dont la hauteur peut varier de **10** à **30** mètres suivant le combustible employé (**10** mètres environ, avec le charbon de bois; **15** à **30** mètres avec le coke ou la houille). Il se compose de deux troncs de cône réunis par leur grande base (*fig.* 21). Le cône supérieur ou *cuve*, beaucoup plus haut que l'autre, est en briques réfractaires; il se termine en haut par une ouverture appelée *gueulard*, fermée d'un couvercle métallique que l'on ouvre pour charger le haut fourneau. Le cône inférieur ou *étalages* E est en briques plus réfractaires que celles de la cuve. Il est continué à la partie inférieure par un cylindre vertical appelé *ouvrage* O, dans lequel viennent déboucher des tuyères reliées à une forte machine soufflante. Enfin, au-dessous de l'ouvrage, se trouve le *creuset*, dont une des parois est formée par une pierre prismatique, la *dame* qui se continue à l'extérieur du haut fourneau par un plan incliné; cette pierre laisse, entre la base de l'ouvrage et le creuset, une ouverture *t*. A la base du creuset se trouve un *trou de coulée* qui est bouché par un tampon d'argile pendant l'opération.

Chargement des hauts fourneaux. — Pour mettre le haut fourneau en marche, on le remplit de combustible, qu'on allume et dont on active la combustion au moyen de la machine soufflante. Puis, quand le haut fourneau est suffisamment chauffé, on ajoute, par le gueulard, des charges alternatives de **minerai**, de **fondant** et de **charbon.** A partir de ce moment, le haut fourneau fonctionne de façon continue ; de temps en temps on recueille de la fonte par le trou de coulée du creuset, et on recharge par le haut, à mesure que le minerai descend. Cherchons ce qui se passe dans les diverses parties du haut fourneau.

Marche ascendante des gaz. — Au niveau des tuyères, le charbon brûle dans un excès d'air en donnant du gaz carbonique ; ce gaz, en s'élevant, traverse du charbon incandescent, est partiellement réduit et se transforme en *oxyde de carbone ;* puis cet oxyde de carbone traverse le minerai oxydé, le réduit à l'état de fer en repassant à l'état de gaz carbonique, et ainsi de suite. Des ouvertures latérales, à la partie supérieure de la cuve, permettent aux gaz de s'échapper ; ces gaz sont formés de gaz carbonique, d'azote provenant de l'air, d'*oxyde de carbone*, et d'*hydrogène* provenant de l'action du charbon sur la vapeur d'eau du minerai; une partie de ces gaz est donc **combustible** et de plus ils sont **tous très chauds.** Jusqu'à ces dernières années, on les laissait sortir dans l'air, ce qui constituait une perte notable de chaleur. Actuellement on les recueille et on les utilise pour échauffer l'air qui sera insufflé ensuite par les tuyères dans le haut fourneau ; en injectant ainsi de l'air à haute température, on réalise une grande économie de combustible, car cet air, pour s'échauffer, ne prend pas de chaleur à l'intérieur du haut fourneau.

Récupérateurs. — Pour se servir de ces gaz combustibles, on les enflamme à l'entrée d'une chambre en maçonnerie divisée à l'intérieur par des cloisons de briques disposées en chicane (*fig.* 21). La flamme provenant de la

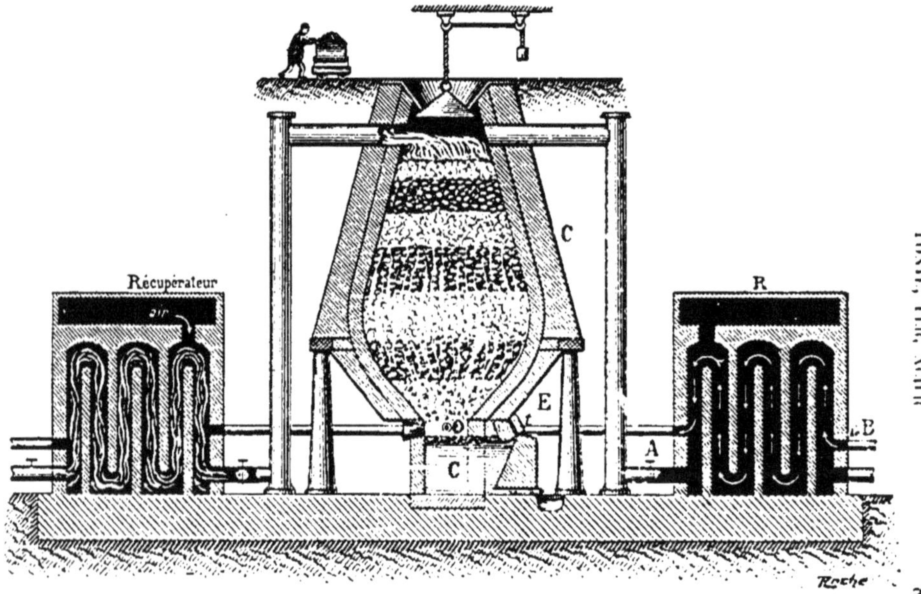

FIG. 21. — Schéma d'un haut fourneau et de récupérateurs ; à gauche, le récupérateur marche au gaz ; à droite, il marche au vent.

combustion parcourt de haut en bas et de bas en haut tous les compartiments, pour se diriger dans une cheminée d'appel ayant un fort tirage. Elle échauffe ainsi les cloisons de la chambre. Si l'on supprime alors la communication avec les gaz combustibles, et si l'on fait arriver de l'air en sens opposé, de B vers A, il s'échauffe graduellement au contact des cloisons et arrive très chaud dans les tuyères. Puis, quand la température des cloisons est suffisamment abaissée, on recommence à faire passer les gaz du gueulard dans les compartiments et ainsi de suite. L'appareil ainsi employé est un **récupérateur,** et l'on dit que dans le premier cas, le récupérateur **marche au gaz,** tandis que dans le second cas, il **marche au vent.** — Il y a généralement deux récupérateurs pour un même haut fourneau; l'un marche au gaz pendant que l'autre marche au vent et, de cette manière, l'air chaud arrive de façon continue dans les tuyères. (Les gaz des hauts fourneaux ont aussi été employés depuis quelques années pour actionner de puissantes machines à gaz.)

Marche descendante des solides. — Pendant que les gaz s'élèvent dans le haut fourneau, les matières solides descendent peu à peu vers le creuset. Dans la partie supérieure de la cuve, le minerai se déshydrate ; dans la partie inférieure où il est un peu échauffé, il est réduit par l'oxyde de carbone, tandis que la castine perd son gaz carbonique et se transforme en chaux. Le fer réduit descend dans les étalages avec le fondant, la gangue et le charbon. Là, le fer se combine au charbon et se transforme en fonte, tandis que la gangue se combine au fondant en donnant le **laitier ou scorie.** Dans l'ouvrage, les corps formés, fonte et laitier, se liquéfient et tombent dans le creuset, où le laitier, plus léger, reste à la surface. Dès qu'il atteint la partie supérieure de la dame, il s'écoule sur le plan incliné et on l'enlève à mesure qu'il se solidifie; — quant à la fonte, lorsqu'elle remplit le creuset, on la fait écouler par le trou de coulée qu'on débouche; elle est reçue dans des canaux demi-cylindriques creusés sur le sol de l'usine, et s'y solidifie en demi-cylindres appelés *gueuses*.

La fonte peut être employée directement à divers usages. Mais les trois quarts de la production totale sont transformés en fer et **surtout en aciers.**

MÉTALLURGIE DU FER

93. La fonte renferme de **2** à **5** 0/0 de carbone; pour la transformer en fer, il faut lui enlever ce carbone, en même temps que diverses impuretés (silicium, soufre, phosphore), qui s'y trouvent presque toujours en petite quantité, et proviennent de la gangue ou du minerai. La transformation de la fonte en fer se fait en **chauffant la fonte en fusion dans un fort courant d'air** ; le carbone passe

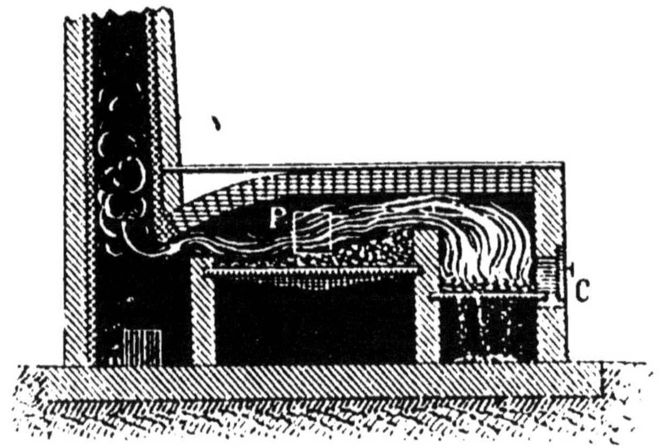

Fig. 22. — Four à puddler.
C, foyer ; P, sole sur laquelle est placée la fonte à affiner.

à l'état d'oxyde de carbone, le soufre, à l'état de gaz sulfureux; le silicium et le phosphore se transforment en silicate et phosphate de fer très fusibles, qui passent dans les scories.

Le procédé le plus employé est le procédé anglais appelé **puddlage**; il s'effectue dans un four à réverbère (*fig.* 22) dont la voûte peut être portée au rouge blanc par la flamme de la houille, qui brûle sur la grille G; lorsque le four est bien chauffé, on introduit sur la sole la fonte à affiner, avec le quart environ de son poids d'*oxyde des battitures* (ce sont les écailles d'oxyde de fer qui se détachent lorsqu'on martèle du fer au rouge). La fonte ne tarde pas à fondre; et comme elle est en contact — d'une part avec l'air contenu en excès dans les gaz venant du foyer, d'autre part avec l'oxyde des battitures qui, à cette température, cède facilement son oxygène — le carbone, le silicium, le phosphore et le soufre qu'elle contient sont oxydés. La masse doit être constamment brassée pour que l'oxydation se produise partout; comme le brassage est très pénible pour les ouvriers, on emploie souvent des fours tournants où il se fait mécaniquement (*puddlage mécanique*). Lorsque l'affinage est terminé, on élève la température; on rassemble les masses pâteuses de fer en une masse unique ou *loupe* qu'on retire et qu'on martèle au marteau-pilon pour en extraire les scories et la rendre plus compacte. C'est durant ce martelage que de nombreuses lamelles d'oxyde de fer se détachent, constituant les battitures (les marteaux-pilons, de grosseur variable, peuvent peser jusqu'à 100 tonnes).

Après ce martelage, on donne au fer la forme de lames ou de barres, et c'est à cet état qu'il est livré au commerce. Il renferme toujours des traces de silicium et de carbone; le plus pur porte le nom de **fer doux** et ne sert guère que dans la construction des électro-aimants.

MÉTALLURGIE DES ACIERS

94. On a longtemps désigné sous le nom d'**aciers** des combinaisons de fer et de carbone dans lesquelles il entre de 1 à 1,5 0/0 de carbone. Par leur composition, ils sont donc intermédiaires entre le fer, qui n'en renferme presque pas, et la fonte qui en renferme de 2 à 5 0/0. Mais actuellement on fabrique aussi un grand nombre d'aciers pouvant contenir de quelques millièmes à 1 0/0 de carbone. L'industrie produit encore les aciers dits **aciers spéciaux**, combinaisons de fer et de carbone dans lesquelles on a introduit **intentionnellement** un corps qui doit donner à ces aciers des qualités spéciales; ce corps peut être du silicium, du chrome, du tungstène, du nickel, etc. Les aciers spéciaux prennent de jour en jour une extension plus considérable. Les procédés de fabrication des aciers sont différents, suivant qu'on veut en fabriquer de petites quantités ou de grandes masses.

1° FABRICATION DE PETITES QUANTITÉS D'ACIER

95. Ce sont des procédés anciens que l'on emploie pour fabriquer de petites quantités d'acier; ils ne s'appliquent d'ailleurs qu'aux aciers ordinaires. Ces derniers étant intermédiaires entre le fer et la fonte, on peut les obtenir par deux moyens : soit en **décarburant partiellement la fonte** (acier puddlé), soit en **carburant du fer** (acier de cémentation).

96. Acier puddlé.

On opère dans les fours à puddler ordinaires (§ 90), mais on arrête la réaction quand on juge la décarburation suffisante. On obtient ainsi des aciers peu estimés, parce qu'ils ne sont pas homogènes (certaines parties étant plus décarburées que d'autres) et parce qu'ils renferment presque toutes les impuretés de la fonte.

97. Acier de cémentation.

Cet acier s'obtient en carburant du fer. Pour cela, on place des barres de *fer* de 1 mètre de long environ dans de grandes caisses en briques réfractaires; les couches superposées de barres de fer sont séparées par un **cément**, formé de poussière de *charbon*, de cendres et de sel marin. Les caisses sont ensuite hermétiquement fermées, placées dans un four et maintenues pendant 15 jours à une température un peu inférieure au point de fusion du fer. Le charbon pénètre peu à peu dans le fer et s'y combine en donnant de l'acier. Mais le corps obtenu n'est pas homogène, les parties superficielles sont très carburées, les parties intérieures le sont moins, et le centre ne l'est souvent pas. Il faut alors marteler ou laminer ensemble plusieurs barres chauffées au rouge blanc, puis les recourber sur elles-mêmes, les travailler de nouveau et ainsi de suite. Cette opération se faisant à une température voisine du point de fusion du métal, la masse est en quelque sorte pétrie et devient plus homogène; on dit qu'on lui a fait subir le *corroyage*, qui peut s'appliquer aussi à l'acier puddlé.

Parfois, on rend l'acier homogène en le **fondant** dans des creusets (*acier fondu*).

Les aciers de cémentation sont très estimés, ils sont plus purs que les aciers puddlés, car ils proviennent du fer qui renferme toujours beaucoup moins d'impuretés que la fonte.

2° FABRICATION DE GRANDES MASSES D'ACIER

98. Toutes les fois qu'on veut obtenir de grandes masses d'acier, on emploie le *procédé Bessemer;* il consiste à *affiner complètement la fonte, puis à ajouter la quantité de carbone voulue et, s'il y a lieu, une quantité déterminée du corps qui doit donner à l'acier des qualités spéciales.* On peut ainsi obtenir un acier dont la composition et les propriétés sont déterminées d'avance. Tous les aciers spéciaux sont obtenus par ces procédés.

99. Procédé Bessemer.

La fabrication de l'acier par le procédé Bessemer se fait dans des appareils appelés **convertisseurs** : ce sont de grandes cornues de fonte doublées intérieurement de terre réfractaire (*fig.* 23). Une cornue peut produire en une fois de 3 à 15 tonnes d'acier, et elle a souvent une capacité 5 ou 6 fois plus grande que le volume de la masse à traiter ; aussi a-t-elle toujours plusieurs mètres de hauteur (4^m,50 environ pour une cornue traitant 10 tonnes). — Cette cornue est mobile autour d'un axe horizontal passant par son centre ; le fond est traversé par plusieurs tuyères où l'on peut faire arriver de l'air comprimé, quelle que soit la position de la cornue autour de son axe.

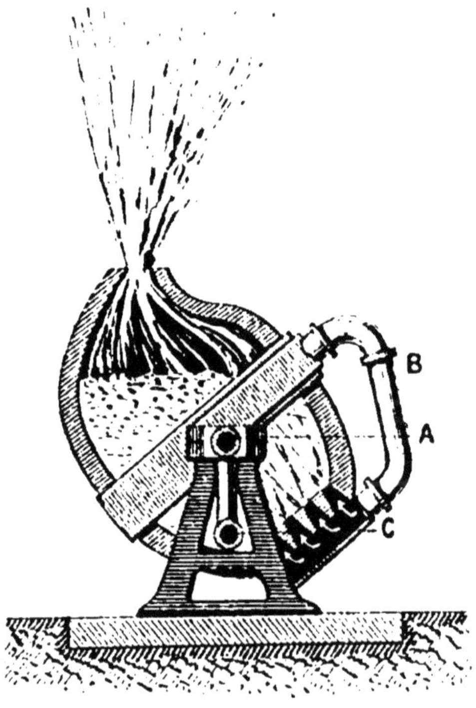

FIG. 23. — Convertisseur Bessemer.
L'air entre par C, passe en A, en B, puis arrive dans le fond de la cornue.

PREMIÈRE PHASE DE L'OPÉRATION : *On affine la fonte par l'air.* — Après avoir rempli le convertisseur de charbon allumé pour le chauffer au rouge, on le vide, puis on y introduit la fonte *encore en fusion* venant directement du haut fourneau, et, après avoir redressé la cornue, on y injecte par les tuyères un fort courant d'air. On voit aussitôt une gerbe d'étincelles sortir par le bec de la cornue, en même temps qu'on entend un bruit sourd très intense ; puis des flammes sortent à leur tour, et quand elles disparaissent (au bout de vingt minutes environ), l'opération est terminée ; l'air, arrivant par un grand nombre d'orifices dans la cornue, a brassé dans toute son épaisseur la masse en fusion et a oxydé le soufre, le phosphore, une partie du silicium, et en dernier lieu le carbone; la chaleur dégagée par ces combustions a suffi pour maintenir en fusion toute la masse, **sans qu'on ait besoin d'un foyer extérieur.**

DEUXIÈME PHASE DE L'OPÉRATION : *On carbure le fer pour avoir l'acier.* — Lorsque la décarburation de la fonte est complète, on introduit dans le Bessemer une **fonte au manganèse,** c'est-à-dire un composé de fer, de carbone et de manganèse renfermant une proportion **connue** de charbon. Cette fonte fournit le carbone nécessaire à la formation de l'acier; d'autre part, le manganèse qu'elle contient se combine au silicium qui reste dans le fer, et de plus réduit l'oxyde de fer qui a pu se former pendant la première opération. Au bout de quelques minutes, l'acier est produit; on fait basculer la cornue et couler l'acier fondu dans une grande poche qui permet de le transporter immédiatement aux moules, et de fabriquer les objets sans avoir besoin de le fondre une seconde fois.

La fabrication de l'acier dans le Bessemer est très rapide, puisqu'on peut en obtenir de **3.000** à **15.000** kilogrammes en une demi-heure.

100. Importance de la métallurgie du fer, de la fonte et de l'acier.

Cette métallurgie est de beaucoup la plus importante de toutes les métallurgies. Pour donner une idée de cette importance, il nous suffit de dire que la production mondiale en 1905 a été de :

54 *millions de tonnes environ pour les fers et les fontes;*

Et **44** *millions de tonnes pour les aciers.*

En 1906, la production s'est accrue de plus de **10** millions de tonnes; et elle continue à s'accroître. Les pays qui produisent le plus sont les **États-Unis,** qui fabriquent par an plus de 23 millions de tonnes de fer et de fonte, et plus de 20 millions de tonnes d'acier; puis l'Allemagne (10 millions de tonnes environ de chaque groupe); la Grande-Bretagne et la France (3 millions de tonnes de fer et de fonte, et 2 millions de tonnes d'acier).

Il nous reste à voir quelles sont les propriétés qui font l'importance pratique de ces corps, et quels sont leurs divers usages.

PROPRIÉTÉS ET USAGES DU FER DE LA FONTE ET DE L'ACIER

I. — FER

101. Propriétés pratiques.

Le fer est un métal très tenace, ductile et malléable. Avant de fondre, il se ramollit et devient pâteux; à cet état il peut prendre toutes les formes par le martelage; on peut le façonner comme on veut et le souder à lui-même sans l'intermédiaire d'un autre métal; c'est ce qui permet de l'employer pour la fabrication d'objets de formes si variées. Il s'écrouit sous l'action du marteau, du laminoir ou de la filière; mais il suffit de le recuire pour pouvoir le travailler de nouveau. Il s'oxyde à l'air, mais on peut le préserver de plusieurs façons.

On le recouvre d'une couche de peinture, d'émail, ou d'un métal moins altérable comme l'étain (fer blanc), le zinc (fer galvanisé), le nickel.

Son seul réel inconvénient consiste en ce qu'il ne fond qu'à une haute température : 1.500°. De plus, il n'est pas élastique et par suite ne peut servir à fabriquer certains objets, tels que lames de couteaux, essieux de voitures, etc. Nous verrons que l'acier a l'avantage d'être beaucoup plus fusible et d'être élastique.

102. Usages.

Les usages du fer sont très nombreux. Il remplace souvent le bois et la pierre dans la construction des maisons, des ponts, des charpentes; il sert à faire la coque des navires. Réduit en lames, il constitue la *tôle*, employée pour fabriquer les fourneaux, les tuyaux de poêle, les plaques qu'on place devant les cheminées ou les poêles, etc. Le fer *battu* et le fer *blanc* servent à fabriquer des ustensiles de cuisine; le fer *galvanisé* est employé pour faire un grand nombre d'objets : fils télégraphiques, grillages, lessiveuses, etc. La ductilité du fer permet de l'employer pour la fabrication des fils, des clous, des tubes; mais ce n'est que lorsqu'il est bien pur qu'il peut s'étirer en fils très fins (*fils d'archal*).

II. — FONTES

103. Propriétés.

Les diverses variétés de fontes obtenues dans les hauts fourneaux peuvent se ramener à deux types : la **fonte grise** et la **fonte blanche**, qui diffèrent par leurs propriétés et par leur composition.

La fonte grise, dont la couleur varie du gris foncé au gris clair, fond vers 1.200° et devient très fluide et parfaitement propre au *moulage*. Elle est grenue et se laisse facilement limer, tourner, travailler au burin. La fonte blanche fond vers 1.100°, mais elle ne devient jamais très fluide, ce qui la rend impropre au moulage. Elle est dure, cassante, difficile à limer et à travailler.

Ces deux sortes de fontes peuvent se produire dans le même haut fourneau : lorsque la température est très élevée, c'est la fonte grise que l'on obtient ; à plus basse température, c'est la fonte blanche. La première diffère de la seconde, au point de vue de la composition, en ce qu'elle renferme toujours une petite quantité de charbon à *l'état libre* (c'est ce qui lui donne sa couleur); tandis que, dans la seconde, *tout* le charbon est combiné au fer; de plus, il y a toujours dans la fonte grise une petite quantité de *silicium* qui n'existe pas dans la fonte blanche. On explique ainsi cette différence de composition ; quand la température est très élevée, le refroidissement met plus de temps à se faire et le carbone a le temps de se séparer; de plus, la fonte, à cette haute température, réduit la silice du laitier et donne du silicium (fonte grise). Si la température est moins élevée, la fonte met trop peu de temps à se refroidir pour que le carbone ait le temps de se séparer et de cristalliser à part (fonte blanche). Ce qui justifie cette explication, c'est qu'on peut transformer la fonte grise en fonte blanche en la fondant et en la refroidissant brusquement (**trempe**); c'est ainsi que, pour avoir des objets ayant la **dureté** de la fonte blanche sans en avoir la **fragilité**, on les fait en fonte grise; puis, par échauffement suivi de refroidissement brusque *à la surface*, on les transforme *extérieurement* en fonte blanche (cylindres de laminoirs). Inversement, la fonte blanche fondue et refroidie lentement se transforme en fonte grise.

104. Usages.

Toute la fonte blanche est transformée en fer et surtout en acier; il en est de même d'une petite partie de la fonte grise. Le reste (1/4 environ de la production totale des fontes) est employé pour la fabrication par moulage d'un grand nombre d'objets utilisés dans l'industrie ou dans l'économie ménagère : pièces de machines, cornues pour la fabrication de l'acide azotique, barreaux de grilles, piliers, colonnes, fourneaux, poêles, ustensiles de cuisine, statues, etc.

Pour les objets de grande dimension ou pour les objets grossiers, la fonte est moulée directement à sa sortie du haut fourneau. Pour les petits objets ou pour ceux qui doivent être plus *finis*, on refond la fonte provenant des hauts fourneaux dans des fours cylindriques appelés **cubilots** ; c'est de là que la fonte, puisée au moyen de poches en fer, est versée dans les moules.

III. — ACIERS

105. Propriétés.

L'acier réunit la plupart des qualités du fer et de la fonte, et de plus il possède des qualités nouvelles. Il est malléable et ductile; ramolli par la chaleur, il peut, comme le fer, être façonné et soudé, et comme la fonte, être moulé. Il a sur le fer l'avantage d'être plus fusible (il fond vers **1.350**°).

Mais sa propriété caractéristique est de devenir, par *la* **trempe,** *très élastique*, *très dur*, *et aussi très cassant;* la trempe s'opère en chauffant fortement l'acier, puis en le refroidissant **brusquement** par immersion dans un liquide froid (eau, huile, mercure). L'élasticité et la dureté de l'acier trempé permettent de l'employer à la fabrication d'un grand nombre d'objets pour lesquels le fer ne peut servir. Mais il a l'inconvénient d'être très cassant; pour diminuer sa fragilité, on est obligé de le **recuire,** c'est-à-dire de le chauffer, puis de le refroidir lentement. Comme le recuit diminue en même temps la dureté de l'acier, on l'opère à des températures plus ou moins élevées suivant le degré de dureté qu'on veut obtenir; dans cette opération, la surface de l'acier s'oxyde et prend une teinte variable avec les températures, ce qui permet d'arrêter le recuit au moment voulu.

Les diverses propriétés des aciers varient beaucoup avec leur composition chimique : c'est ainsi que la résistance à la rupture est en général d'autant plus grande que la teneur en carbone est plus considérable; il en est de même pour la dureté. Grâce à ces différences dans les propriétés, on peut employer les aciers à un grand nombre d'usages divers.

106. Usages.

Les usages des aciers deviennent de jour en jour plus importants. L'acier puddlé sert à faire les sabres, les épées, les scies, les ressorts de voitures, les instruments aratoires, etc. L'acier de cémentation, plus fin, est employé dans la fabrication de la quincaillerie, de la coutellerie fine, des burins, des laminoirs, des instruments de chirurgie, des coins des monnaies, de la bijouterie d'acier, des ressorts de montres, etc.

Ce sont les aciers Bessemer qui prennent surtout de l'extension; on les emploie pour faire les plaques de blindage des navires, les rails, les pièces d'artillerie, les essieux et les bandages des roues de locomotives, les projectiles, les tôles des chaudières, et, d'une manière générale, toutes les pièces d'acier assez volumineuses. Les aciers spéciaux sont employés toutes les fois qu'on veut obtenir *une résistance à la rupture* ou une *dureté* supérieures à celles qu'on rencontre dans les aciers ordinaires. C'est ainsi que les aciers au tungstène sont employés pour les outils très durs, les aciers au chrome pour les obus et les blindages, les aciers au nickel pour les blindages, etc. Ce sont ces qualités de dureté et de résistance à la rupture qui donnent aux aciers spéciaux une importance industrielle chaque jour plus considérable.

107. Expériences. — Montrer des échantillons des divers minerais de fer. Faire distinguer le fer de l'acier; l'acier est élastique, car, lorsqu'on le plie, il revient à sa position première. Mais si l'on dépasse la limite d'élasticité, il se casse. Au contraire, le fer, lorsqu'on le courbe, se tord sans se casser. Reconnaître les aiguilles à coudre bien trempées de celles qui le sont mal : les premières sont résistantes, et, quand elles ont subi un trop grand choc, elles *ne se tordent jamais*, elles se cassent ; les secondes sont beaucoup moins résistantes, et se tordent facilement sans se casser. Montrer que l'acier fortement trempé raye le verre (emploi d'une lime pour rayer les tubes de verre qu'on veut couper ; emploi d'une pointe d'acier pour graver sur verre) ; le fer, au contraire, ne raye jamais le verre.

TABLEAU DES PRINCIPAUX CORPS SIMPLES, AVEC LEUR SYMBOLE ET LEUR POIDS ATOMIQUE

MÉTALLOÏDES

	Symboles	Poids atomiques
Hydrogène	H	1
Fluor	F	19
Chlore	Cl	35,5
Brome	Br	80
Iode	I	127
Oxygène	O	16
Soufre	S	32
Azote	Az	14
Phosphore	P	31
Carbone	C	12
Silicium	Si	28
Bore	B	11

MÉTAUX

	Symboles	Poids atomiques
Potassium	K	39
Sodium	Na	23
Calcium	Ca	40
Magnésium	Mg	24
Zinc	Zn	65
Aluminium	Al	27
Fer	Fe	56
Etain	Sn	118
Cuivre	Cu	63
Plomb	Pb	207
Mercure	Hg	200
Argent	Ag	108
Or	Au	197
Platine	Pt	195

DEUXIÈME PARTIE

CHIMIE ORGANIQUE

CHAPITRE I

SUBSTANCES ORGANIQUES

COMPOSITION ÉLÉMENTAIRE, ANALYSE ET SYNTHÈSE
CLASSIFICATION D'APRÈS LEUR FONCTION CHIMIQUE

PLAN

- **I. Ce qu'étudie la chimie organique**
  - matières organiques naturelles.
  - matières organiques artificielles.
  - *Tous les corps qu'elle étudie renferment du carbone.*
- **II. Analyse des matières organiques**
  - **1° Analyse immédiate**
    - *But :* séparer les matières organiques qui sont agglomérées dans un même tissu.
    - *Procédés employés*
      - *mécaniques :* compression.
      - *physiques :* lavage, diffusion, refroidissement, dissolution.
      - *chimiques :* combinaison avec un acide ou une base.
  - **2° Analyse élémentaire**
    - *a) But :* chercher la nature et les proportions des corps simples qui constituent une matière organique.
    - *b) Principe* : Il est le même pour presque toutes les substances organiques, parce que presque toutes ne renferment guère que C, H, O, Az ou seulement quelques uns de ces éléments.
    - c) Analyse d'une *matière non azotée*
      - Dosage du carbone et de l'hydrogène : on dose le carbone à l'état de gaz carbonique et l'hydrogène à l'état de vapeur d'eau.
      - Dosage de l'oxygène par différence.
    - d) Analyse d'une *matière azotée*
      - Dosage du carbone et de l'hydrogène comme précédemment.
      - Dosage de l'azote à l'état libre ou à l'état de gaz ammoniac.
      - Dosage de l'oxygène par différence.

III Détermination de la formule d'un composé organique	L'analyse permet de déterminer la *composition centésimale du corps;* on en déduit sa formule brute.		
	Formules développées	Utilité	Différencient les corps *isomères.* Mettent en évidence les *fonctions chimiques* des corps.
		Comment on les établit	On s'appuie sur les propriétés chimiques du corps considéré.
IV Classification des corps organiques d'après leur fonction chimique	Carbures d'hydrogène, Alcools, Aldéhydes, Acides, Éthers-Sels, etc.		
V Synthèse des composés organiques	*Exemples :* A partir de l'acétylène dont on peut faire la synthèse avec du carbone et de l'hydrogène, on peut faire la synthèse d'un très grand nombre de composés organiques, directement ou indirectement (méthane, éthylène, benzine, alcool, etc.).		

1. Ce qu'étudie la chimie organique.

La **chimie organique** étudie les matières qui, par leur agglomération, constituent les tissus animaux et végétaux ; on les désigne sous le nom de **matières organiques naturelles**; exemples : acide citrique du jus de citron, sucre du lait, albumine du blanc d'œuf.

Elle étudie aussi les matières provenant des transformations des précédentes sous l'action des corps simples ou composés étudiés en chimie minérale, et d'autres substances que l'on n'obtient que par une synthèse artificielle mais qui sont analogues aux composés organiques naturels ou à leurs dérivés.

Toutes ces substances organiques, naturelles ou artificielles, renferment du carbone, de sorte qu'on peut dire que *la chimie organique est l'étude des composés du carbone.*

2. Analyse immédiate.

Les matières organiques existent rarement isolées dans les tissus animaux ou végétaux; presque toujours elles sont mélangées entre elles et parfois à des sels minéraux (phosphate de calcium des os, silice des graminées, etc.). Le lait, par exemple, renferme, outre de l'eau et des sels minéraux, les matières organiques suivantes : caséine, matière grasse, sucre de lait ou lactose, albumine. La pomme de terre renferme : de la fécule, de la cellulose, de l'albumine, des citrates, etc. Séparer les substances organiques les unes des autres, de façon à les obtenir à l'état de pureté, tel est le but de **l'analyse immédiate**; les substances organiques ainsi isolées portent le nom de **principes immédiats.**

Cette analyse est souvent difficile, parce qu'il ne faut pas altérer les principes immédiats en les isolant. Elle comporte des procédés variés; on emploie quelquefois des actions **mécaniques** : par *compression*, on extrait les huiles contenues dans les graines oléagineuses.

Le plus souvent ce sont des procédés **physiques** qui sont appliqués : action de l'eau, du froid, de la chaleur, de dissolvants neutres. Ainsi, en *lavant* la farine sous un mince filet d'eau, on la sépare en amidon qui est entraîné par l'eau, et en gluten, matière élastique qui reste (*fig.* 1); par *osmose*, on sépare l'albumine du sucre dans la betterave. En *refroidissant* de l'huile d'olive, on isole la margarine, solide, de l'oléine qui est liquide. Si la matière à analyser contient des principes inégalement volatils, on les sépare par *distillation fractionnée* : c'est ainsi que l'alcool peut se séparer de l'eau et d'autres alcools moins volatils que lui. La propriété qu'ont certains liquides, alcool, éther, sulfure de carbone, etc., de *dissoudre* quelques principes immédiats sans les altérer, permet de les employer pour effectuer certaines analyses immédiates ; c'est ainsi que le tanin s'extrait de la noix de galle au moyen de l'éther.

FIG. 1. — Analyse immédiate de la farine.

Enfin, on emploie quelquefois des procédés **chimiques** : combinaison d'un des principes immédiats avec un acide étendu s'il est basique, avec une base étendue s'il est acide ;

il ne reste plus qu'à isoler ce principe de la combinaison formée. Ainsi se retirent quelques alcaloïdes des végétaux qui les contiennent.

Il faut remarquer que souvent ce n'est pas un seul de ces procédés, mais plusieurs, qui sont appliqués dans l'analyse immédiate d'un même corps. Supposons qu'on veuille faire celle de la pomme de terre. Après l'avoir râpée dans un linge, on la malaxe sous un filet d'eau. Cette eau passe d'abord trouble, puis de plus en plus claire ; recueillie et abandonnée dans un vase, elle laisse déposer de la *fécule* qu'on peut séparer par décantation ou filtration. Le liquide qui reste est chauffé à l'ébullition, et l'*albumine* qu'il contient se coagule ; si, après avoir enlevé cette albumine, on ajoute au liquide un sel de plomb, il se forme un précipité de citrate de plomb, ce qui prouve que la pomme de terre renfermait de l'acide citrique ou des *citrates;* enfin il est resté dans le linge les débris des parois des cellules, qui sont formés surtout de *cellulose*. On a appliqué successivement, pour cette analyse, le lavage, l'action de la chaleur et une action chimique.

C'est en étudiant les propriétés physiques des corps obtenus qu'on reconnait qu'une **analyse immédiate** est **terminée,** c'est-à-dire qu'on est arrivé à isoler les espèces chimiques. Ainsi, un corps qui fond et dont la température reste invariable pendant toute la durée de la fusion, sera un composé défini ; de même, un corps dont la température reste constante pendant toute la durée de l'ébullition, un corps qui cristallise et dont tous les cristaux appartiennent au même système, seront des composés définis.

3. Analyse élémentaire.

Lorsqu'un principe immédiat est isolé, pour en connaître la composition, il faut en faire l'**analyse élémentaire.** Cette analyse consiste à chercher la **nature** et les **proportions** des corps simples qui entrent dans la composition d'une substance organique. Or tous les composés organiques *naturels* sont formés d'un petit nombre d'éléments, en général quatre au plus, qui sont toujours les mêmes : le **carbone, l'hydrogène, l'oxygène, l'azote** (il existe parfois, mais très rarement, du soufre et du phosphore). Ce qui fait l'infinie variété de ces corps, c'est donc surtout la différence dans les **proportions** des éléments qui les composent.

S'il s'agit de composés organiques artificiels, on trouve souvent, outre les corps simples précédents, du chlore, du brome, de l'iode.

A cause du petit nombre d'éléments qui entrent dans la composition des matières organiques, il y a une différence entre l'analyse organique et les analyses de la chimie minérale. Tandis qu'en chimie minérale il nous fallait employer un procédé particulier d'analyse pour chaque corps, en chimie organique toutes les analyses élémentaires peuvent se faire d'après un petit nombre de méthodes. Nous considérerons seulement le cas le plus fréquent, celui où la matière organique ne renferme que du carbone, de l'hydrogène, de l'oxygène, de l'azote, ou seulement quelques-uns de ces corps.

1. Principe de l'analyse élémentaire.

Si nous **brûlons** un poids **P** du corps à analyser, le carbone donne du gaz carbonique, l'hydrogène donne de la vapeur d'eau ; des poids de gaz carbonique et d'eau formés, on peut déduire les poids de carbone et d'hydrogène qui ont brûlé. S'il n'y a pas d'azote, le poids de l'oxygène s'obtient immédiatement, par différence avec le poids total. S'il y a de l'azote, il faut auparavant doser ce corps dans une autre expérience. Il est donc nécessaire de savoir reconnaître si la substance est ou non azotée ; pour cela, on la chauffe avec de la potasse ou de la chaux sodée [1] ; s'il

[1] La chaux sodée s'obtient en éteignant la chaux vive avec une dissolution de soude et en calcinant ensuite le mélange dans une capsule de porcelaine.

se dégage de l'ammoniaque, reconnaissable à son odeur, c'est que la matière contenait de l'azote.

5. Dosage du carbone et de l'hydrogène.

1° *La substance n'est pas azotée.* — Le corps destiné à brûler la matière organique est **l'oxyde de cuivre,** qui cède facilement son oxygène quand on le chauffe. Les matières employées et le tube où se fait l'expérience doivent être

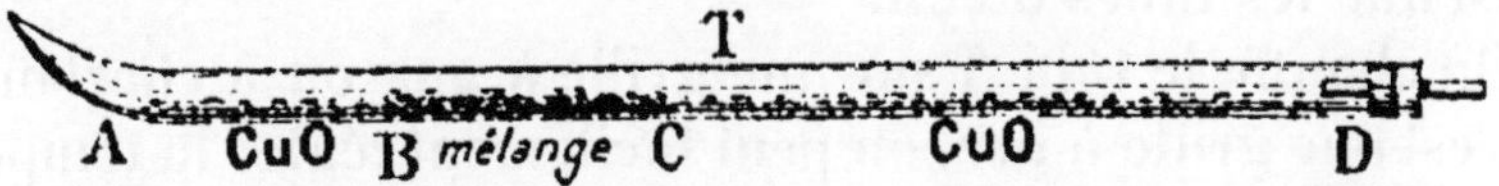

Fig. 2. — Tube pour l'analyse élémentaire d'une substance non azotée.

bien *desséchés* pour que la vapeur d'eau recueillie ne provienne que de l'hydrogène de la substance à analyser.

Dans un tube de verre **T** peu fusible (*fig.* 2), on place de l'oxyde de cuivre de **A** en **B**; un mélange de la matière à analyser et d'oxyde de cuivre de **B** en **C**; et l'on achève de

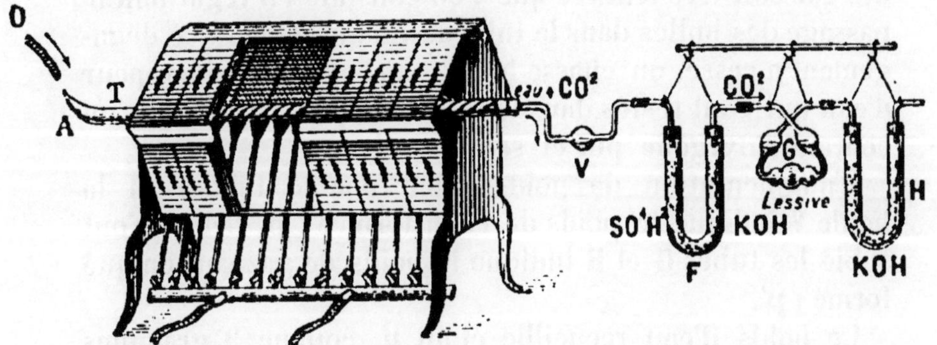

Fig. 3. — Analyse élémentaire d'une substance non azotée.

remplir le tube avec de l'oxyde de cuivre. Une des extrémités du tube peut être fermée à la lampe ; l'autre communique avec une série de trois tubes (*fig.* 3) : le premier **F**, renferme un corps desséchant (pierre ponce imbibée d'acide sulfurique), qui absorbera la *vapeur d'eau* formée et non condensée dans la boule de verre **V** qui précède; le second, (tube à boules de Liebig **G**) renferme de la potasse dissoute, et le troisième, **H**, des fragments de potasse solide, pour absorber *le gaz carbonique* formé. On a soin de placer les tubes à potasse les derniers, parce que la potasse peut absorber la vapeur d'eau en même temps que le gaz carbonique. Le tube **F** et la boule **V** ont été pesés ensemble, ainsi que les tubes **G** et **H**.

On chauffe le tube **T** sur une grille à gaz ou à charbon; si c'est une grille à gaz, on peut facilement régler la température au moyen d'une série de robinets. On commence par chauffer les parties qui renferment seulement de l'oxyde de cuivre; puis, on arrive peu à peu jusqu'à la partie **BC** qui renferme la matière organique. Cette substance se décompose; le carbone et l'hydrogène sont oxydés et les gaz formés passent dans la série de tubes où ils sont absorbés.

On règle la température de manière que le dégagement des gaz soit très lent, ce que l'on constate en regardant le passage des bulles dans le tube de Liebig. Quand ce dégagement a cessé, on chasse le gaz carbonique et la vapeur d'eau qui sont restés dans le tube **T** en y faisant arriver un courant d'oxygène pur et sec.

L'augmentation de poids subie par le tube **F** et la boule **V** indique le poids de l'eau formée : p. Celle qu'ont subie les tubes **G** et **H** indique le poids de gaz carbonique formé : p'.

Le poids d'eau recueillie étant p, comme 9 grammes de vapeur d'eau renferment 1 gramme d'hydrogène, le poids p renferme :

$$p \times \frac{1}{9} \text{ grammes d'hydrogène.}$$

De même, comme 44 grammes de gaz carbonique CO^2

renferment 12 grammes de carbone ($C = 12$), le poids p' de gaz carbonique renferme :

$$p' \times \frac{12}{44} \text{ gr.} = p' \times \frac{3}{11} \text{ grammes de carbone.}$$

La différence

$$P - \left(p \times \frac{1}{9} + p' \times \frac{3}{11}\right)$$

représente le poids d'oxygène. Si cette différence est si faible qu'elle ne puisse provenir que des erreurs d'analyse, c'est que le corps ne renfermait que du carbone et de l'hydrogène.

2° *Quand la substance est azotée,* on dose de la même façon le carbone et l'hydrogène qu'elle contient ; mais on a eu soin de placer, à l'extrémité **D** du tube, du cuivre finement pulvérisé qui réduit les oxydes d'azote pouvant se former ; sans quoi ces oxydes seraient en partie absorbés par la potasse et l'on trouverait un poids trop fort pour l'anhydride carbonique. Il reste, par une seconde opération, à doser l'azote.

6. Dosage de l'azote.

On peut doser l'azote, soit à l'état libre, soit à l'état de gaz ammoniac.

1° *Dosage à l'état libre.* — La matière organique, chauffée avec de l'oxyde de cuivre, laisse dégager l'azote à l'état de *composés oxygénés qui peuvent être réduits par du cuivre et donner l'azote libre.*

En principe, il suffit donc de chauffer, dans un tube **B**, analogue au précédent, de l'oxyde de cuivre avec de la matière organique ; on place à la sortie du tube de la planure de cuivre pour réduire les composés oxygénés d'azote ;

les gaz formés, azote, gaz carbonique, vapeur d'eau, sont recueillis dans une éprouvette sur la cuve à mercure (*fig.* 4). La vapeur d'eau s'y condense, et le gaz carbonique peut être facilement absorbé par une dissolution de potasse ; il ne reste plus qu'à mesurer le volume du gaz restant, qui est de l'azote.

Mais, pratiquement, le tube **B** renfermant de l'air au début de l'expérience, l'azote de cet air, chassé par l'oxy-

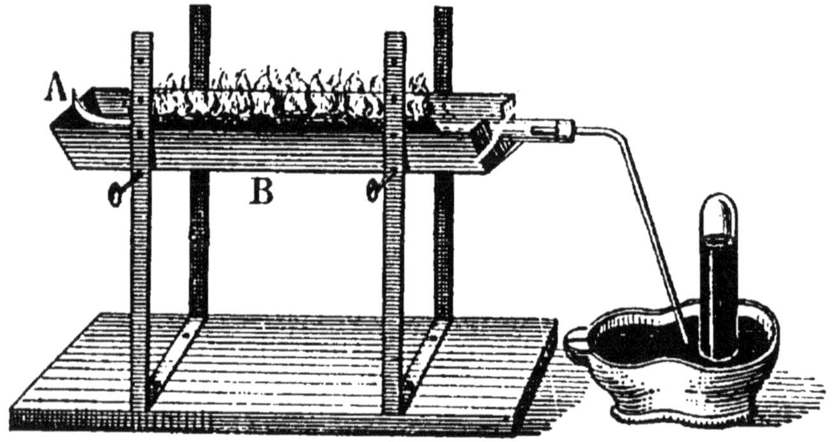

FIG. 4. — Dosage de l'azote d'une substance organique à l'état libre.

gène qui se dégage de l'oxyde de cuivre, se rend dans l'éprouvette, et son volume s'ajoute à celui de l'azote qui provient de la matière à analyser; on obtient par suite un résultat inexact. Pour remédier à cet inconvénient, on réalise l'expérience dans une atmosphère de gaz carbonique, et non dans de l'air. A cet effet, on place en **A**, à l'entrée du tube, une substance capable de dégager par la chaleur du gaz carbonique ; c'est le plus souvent du bicarbonate de sodium.

2° *Dosage à l'état de gaz ammoniac.* — La méthode précédente pour le dosage de l'azote est une méthode générale. Il en existe une autre, dite **à la chaux sodée**, qui ne peut s'appliquer qu'aux matières organiques ne renfermant pas d'azote à l'état d'oxyde. Lorsqu'on chauffe ces matières avec de la chaux sodée, tout l'azote se dégage à l'état de *gaz ammoniac* (§ 4), qu'on peut recueillir

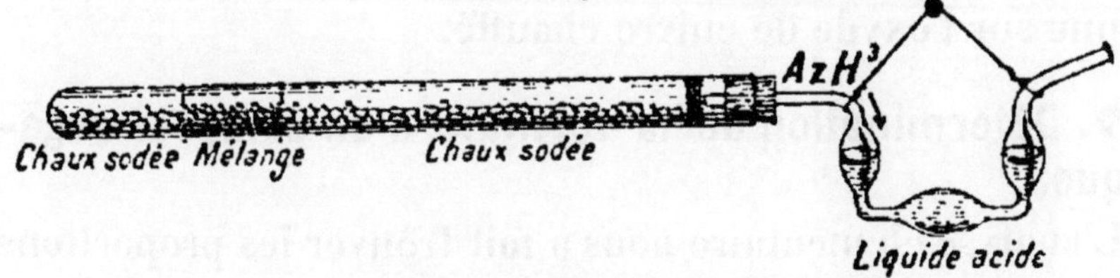

Fig. 5. — Dosage à l'état d'ammoniac de l'azote d'une matière organique.

dans un tube à boules (*fig*. 5) renfermant une dissolution titrée d'acide sulfurique [1]. En titrant la dissolution après l'expérience, on trouve le poids d'acide sulfurique qui s'est combiné à l'ammoniaque, et par suite le poids de l'ammoniaque formé, soit **p**. Comme la formule de l'ammoniaque est AzH^3, et que $Az = 14$ et $H = 1$, on a $AzH^3 = 17$; donc **17** grammes de ce gaz renferment **14** grammes d'azote. Par suite un poids p d'ammoniaque renferme

$$p \times \frac{14}{17} \text{ grammes d'azote.}$$

L'opération se fait dans un tube analogue à celui qu'on emploie pour le dosage du carbone et de l'hydrogène.

Dans toutes ces analyses, quand la matière organique est liquide, on l'introduit dans une ampoule de verre mince

Fig. 6. — Tube pour l'analyse d'une matière organique liquide.

qui est placée au milieu du tube où se fait l'expérience (*fig*. 6). Puis on procède comme pour une substance solide;

[1] On appelle solution titrée d'un corps une solution renfermant par litre un poids déterminé de ce corps. La solution employée dans l'expérience ci-dessus renferme par litre un demi-poids moléculaire SO^4H^2, soit 49 grammes d'acide.

mais on détermine au préalable la rupture de l'ampoule par une brusque élévation de température. Quand la matière organique est gazeuse, on en fait passer un volume connu sur l'oxyde de cuivre chauffé.

7. Détermination de la formule d'un composé organique.

L'analyse élémentaire nous a fait trouver les proportions des corps simp'. , qui entrent dans un composé organique. On peut, partant de ces résultats, établir la **formule** de ce composé.

Supposons qu'on ait analysé l'acide acétique et qu'on ait trouvé que 2 grammes de ce corps renferment 0gr,8 de carbone, 0gr,13 d'hydrogène et 1gr,07 d'oxygène. On en déduit facilement la **composition centésimale** de l'acide acétique : 100 grammes de cet acide renferment 40 grammes de carbone, 6gr,5 d'hydrogène et 53gr,5 d'oxygène. Sachant que : C = 12 ; H = 1 ; O = 16, le rapport des poids trouvés aux poids atomiques correspondants est :

$$\frac{40}{12} = 3,3 ; \quad \frac{6,5}{1} = 6,5 ; \quad \frac{53,5}{16} = 3,3.$$

Cela nous indique que les nombres d'atomes de carbone, d'hydrogène et d'oxygène qui entrent dans la formule des composés sont entre eux comme les nombres 3,3 ; 6,5 ; et 3,3 ou mieux comme les nombres 1 ; 2 et 1, puisque nous savons que les atomes entrent toujours un nombre **entier** de fois dans les formules. Donc, la formule de l'acide acétique peut être CH^2O ; mais elle peut tout aussi bien être $C^2H^4O^2$, ou d'une manière générale $C^nH^{2n}O^n$. Il nous reste donc à déterminer n. Or, nous savons (4e *Année*, § 93) que la formule d'un corps composé *doit correspondre à ses propriétés chimiques*. Cherchons donc parmi les formules possibles de l'acide acétique celle qui répond le mieux à ses propriétés chimiques. Cet acide est une seule fois acide, car, avec l'argent qui est univalent, il ne donne qu'un seul acétate ; la formule de cet acétate ne doit donc contenir que **1** atome d'argent, soit **108** grammes, car **Ag** = **108.** Cela posé, si nous calcinons un poids connu d'acétate d'argent pour isoler l'argent, nous trouvons que pour **108** grammes d'argent, il y a en tout **167** grammes d'acétate. Le poids moléculaire de l'acétate d'argent est donc **167**, et comme il ne diffère de celui de l'acide acétique que par le remplacement de **1** atome d'hydrogène par **1** atome d'argent, le poids moléculaire de l'acide acétique est :

167	−	108	+	1	=	60
Poids moléculaire de l'acétate d'argent		Poids atomique de l'argent		Poids atomique de l'hydrogène		Poids moléculaire de l'acide acétique

Il ne nous reste plus qu'à chercher quelle est, de toutes les formules possibles de l'acide acétique, celle qui correspond à un poids moléculaire égal à **60.** On trouve que c'est :

$$C^2H^4O^2 = 24 + 4 + 32 = 60.$$

On peut ainsi, par la considération des propriétés chimiques, déterminer la formule de presque tous les composés organiques.

Lorsque le corps est volatil, on trouve plus simple de choisir sa formule en s'appuyant sur ce que :

La masse moléculaire d'un corps gazeux ou vaporisable sans décomposition, est égale à sa densité de vapeur × **28,8** (1e *Année*, § 97).

Supposons qu'on ait analysé la benzine et qu'on ait trouvé que **100** grammes de benzine renferment **92^gr,3** de carbone et **7^gr,7** d'hydrogène. Le rapport de ces masses aux masses atomiques correspondantes est :

$$1^\circ\ \frac{92,3}{12} = 7,7\,; \qquad 2^\circ\ \frac{7,7}{1} = 7,7.$$

Les nombres d'atomes de carbone et d'hydrogène qui

entrent dans la formule sont donc entre eux comme **7,7** est à **7,7**, c'est-à-dire qu'ils sont égaux ; et la formule la plus simple de la benzine est **CH**. Mais la formule peut tout aussi bien être C^2H^2, C^3H^3, ..., C^nH^n. Il faut choisir n, de telle sorte qu'elle corresponde à la masse moléculaire de la benzine. La densité *de vapeur* de la benzine étant **2,74**, sa masse moléculaire est :

$$28{,}8 \times 2{,}74 = 78{,}9,$$

nombre très voisin de **13 × 6**. Donc la formule de la benzine est :

$$C^6H^6 = 12 \times 6 + 1 \times 6.$$

8. Formules développées. — Leur utilité.

En faisant l'analyse élémentaire des composés organiques, on trouve parfois deux corps qui ont même composition centésimale. Ainsi l'acétylène et la benzine renferment tous deux autant d'atomes de carbone que d'hydrogène ; la formule de la benzine C^6H^6 est multiple de la formule de l'acétylène C^2H^2. Des corps dont les formules sont multiples les unes des autres sont dits **corps polymères.**

Mais il arrive aussi que des corps ont non seulement même composition centésimale, mais encore même formule, bien qu'ils aient des propriétés chimiques différentes. Ainsi l'acide acétique et le formiate de méthyle sont deux corps différents ayant la même formule : $C^2H^4O^2$. On dit qu'ils sont **isomères.**

Pour différencier ces corps dans leurs formules, comme ils le sont dans leurs propriétés chimiques, il est donc nécessaire de chercher à développer les formules précédentes, dites **formules brutes**, de telle sorte qu'elles représentent non seulement la composition du corps, mais encore ses principales propriétés. De telles formules sont dites **développées.** Elles n'ont pas seulement l'avantage de *différencier* *les corps isomères ;* elles ont surtout celui de *mettre en évidence la fonction chimique du corps considéré.*

Pour comprendre comment s'établissent les formules développées, il nous faut dire quelques mots de ce qu'on appelle corps saturés et radicaux.

9. Corps saturés. — Radicaux.

La valence d'un corps peut s'indiquer par autant de traits qu'il a de valences ; ainsi on peut représenter l'hydrogène par **H—** ; le soufre par **S<** ; l'azote par **Az** (trois traits) ; le carbone par **—C—** (quatre traits).

Considérons l'acide chlorhydrique **HCl** ; **1** atome de chlore, qui est univalent, est combiné à **1** atome d'hydrogène qui est univalent. On dit que les deux corps satisfont mutuellement leur valence et que le composé formé est **saturé.** On peut l'écrire **H—Cl**, et l'interposition du trait — indique que la valence de l'hydrogène est satisfaite par celle du chlore. De même, dans l'hydrogène sulfuré, **1** atome de soufre, divalent, est combiné à **2** atomes d'hydrogène, corps univalent ; on peut donc écrire la formule de l'hydrogène sulfuré **S<H/H** ; deux traits partent du soufre et les **2** valences de cet élément sont satisfaites chacune par la valence de l'hydrogène. De même encore, dans le gaz carbonique **CO²**, **1** atome de carbone, quadrivalent, est combiné à **2** atomes d'oxygène, corps divalent, et l'on peut écrire **O=C=O** (C=O, avec un second O lié par deux traits au-dessous du C). Il n'y a pas de valence libre. On dit que ces composés sont **saturés.** Au contraire, l'oxyde de carbone **CO** n'est pas saturé, car **1** atome de carbone n'est combiné qu'à **1** atome d'oxygène ; ce corps peut se combiner à un autre

atome d'oxygène pour donner le gaz carbonique, composé saturé. On peut écrire la formule $\overset{|}{\underset{|}{C}}=O$. Le carbone conserve deux valences libres.

Parfois les corps renferment dans leurs formules des **radicaux**, c'est-à-dire des groupes fonctionnant comme des corps simples ; ainsi la potasse renferme le groupe **OH** ou *oxhydrile*, combiné au potassium. Comme les corps simples, les radicaux ont chacun leur valence propre ; par exemple, l'oxhydrile **OH** est univalent ; et la potasse **K—(OH)** est un corps saturé. Le radical SO^4 est divalent et l'acide sulfurique $SO^4\!\left<\begin{matrix}H\\H\end{matrix}\right.$ est un composé saturé, etc. En chimie organique, on trouve fréquemment des radicaux dans les formules des composés : CH^3, C^2H^5, par exemple, sont des radicaux alcooliques univalents.

Il résulte de la notion même de valence qu'un corps non saturé peut *s'adjoindre* de nouveaux éléments, autrement dit donner des produits d'**addition.** Au contraire, un corps saturé ne peut donner **que** des produits de **substitution,** c'est-à-dire que les éléments qui s'y combinent y *prennent la place* d'autres éléments.

Les produits d'addition et de substitution sont très importants en chimie organique ; la formule développée d'un corps devra donc mettre en évidence ce fait qu'il est ou n'est pas saturé.

10. Développement des formules brutes.

Pour développer les formules des corps organiques, on admet :

1° *Que le carbone est quadrivalent*, ce qui est conforme à tous les faits étudiés :

2° *Que les atomes de carbone peuvent échanger entre eux* 1, 2 *ou* 3 *valences.*

Premier exemple. — Soit à développer la formule de l'éthane C^2H^6. L'expérience nous apprend qu'il ne donne que des produits de substitution ; donc il est saturé. Or, 2 atomes de carbone ne sont unis qu'à 6 atomes d'hydrogène, et non à 8 ; il faut donc admettre que les 2 atomes de carbone échangent entre eux une valence, et la formule développée peut s'écrire :

```
                    H
                    |
CH³              H—C—H
|       ou          |
CH³              H—C—H
                    |
                    H
```

ce qui montre bien que le composé est saturé ; en effet, chaque atome de carbone a bien dans la formule ses 4 valences satisfaites.

Aucune autre représentation possible ne peut indiquer que l'éthane est saturé.

Deuxième exemple. — L'éthylène C^2H^4 n'est pas saturé, car l'expérience nous apprend qu'il peut fixer 2 atomes de chlore, de brome, etc. Avec le chlore, par exemple, il donne la liqueur des Hollandais, composé de formule $C^2H^4Cl^2$; mais ce corps est cette fois saturé, car il ne peut plus donner aucun produit d'addition. Cela nous indique que dans l'éthylène, il n'y a que 2 valences de libres ; sa formule

```
                                      |
développée conforme à cette propriété est donc CH², et
                                      |
                                      CH²
                                      |
```

```
                                     Cl
                                     |
celle de la liqueur des Hollandais est CH²  ou  CH²Cl.
                                     |          |
                                     CH²        CH²Cl
                                     |
                                     Cl
```

On écrit souvent aussi la formule de l'éthylène CH^2, et

$$\begin{matrix} CH^2 \\ \| \\ CH^2 \end{matrix}$$

cette double liaison indique que le composé n'est pas saturé, car la liaison double peut se réduire à une liaison simple, par addition du chlore par exemple. Toutes les formules développées doivent ainsi être conformes aux faits révélés par l'expérience.

11. Classification des composés organiques.

Les corps de la chimie organique sont extrêmement nombreux. Pour les étudier, il est nécessaire de les classer; or, on peut les grouper d'une façon rationnelle d'après leur **fonction chimique,** c'est-à-dire l'ensemble de leurs propriétés communes. A une même fonction chimique correspondent dans la formule certains groupements caractéristiques dits **groupements fonctionnels.** Ces fonctions chimiques sont plus nombreuses que celles de la chimie minérale. Les principales sont :

1° *Carbures d'hydrogène* ou *hydrocarbures,* formés de carbone et d'hydrogène ;

Exemples : le méthane CH^4, l'éthylène C^2H^4.

2° *Alcools* dérivant des carbures par la substitution de (OH) à H; leur formule générale est R—OH, R désignant un radical alcoolique univalent. Exemple : l'alcool éthylique $C^2H^5.OH$ ou $CH^3—CH^2.OH$;

3° *Aldéhydes* dérivant de certains alcools par perte d'hydrogène. Leur formule générale est R—COH. Exemple : l'aldéhyde éthylique $CH^3—COH$;

4° *Acides :* R—COOH, dérivant des aldéhydes par oxydation. Exemple : l'acide acétique $CH^3—COOH$;

5° *Éthers-sels,* tels que le chlorure d'éthyle, l'acétate d'éthyle. Ils résultent de la combinaison d'un acide et d'un alcool, avec élimination d'eau ;

6° *Amines :* $R—AzH^2$ qui peuvent être considérées comme

provenant de la substitution d'un radical alcoolique à l'hydrogène de l'ammoniaque;

Un même corps peut avoir à la fois plusieurs fonctions chimiques : être alcool et acide, aldéhyde et alcool, par exemple.

12. Séries homologues.

Les groupes précédents peuvent se subdiviser en séries dans chacune desquelles les corps ne diffèrent que par un certain nombre de fois CH^2 dans leurs masse moléculaire et ont toutes leurs propriétés chimiques analogues.

Ainsi, les carbures d'hydrogène renferment plusieurs séries de composés homologues appelés plus simplement *séries homologues*, entre autres celle du méthane, comprenant : le méthane CH^4, l'éthane C^2H^6, le propane C^3H^8. etc.

La considération des séries homologues simplifie considérablement l'étude de la chimie organique, car il suffit d'étudier de façon détaillée l'un des corps d'une série homologue pour connaître les propriétés chimiques fondamentales des autres.

13. Synthèse des substances organiques.

Nous n'avons étudié, jusqu'à présent, que l'**analyse** des composés organiques. Or, la chimie, après avoir analysé les matières organiques naturelles, a cherché à les reproduire par la **synthèse**. Elle y est parvenue dans beaucoup de cas, et elle est arrivée en même temps à faire la synthèse de beaucoup de matières organiques n'existant pas dans les tissus.

La première synthèse réalisée a été celle de l'*urée*, corps qui se forme naturellement dans notre organisme par la transformation des matières azotées. Cette synthèse était importante, parce qu'elle prouvait qu'il n'est pas nécessaire de faire intervenir des forces mystérieuses, mais seulement des forces physiques et chimiques, pour expliquer la transformation des corps dans nos tissus. Seulement elle était faite par une méthode isolée, ne pouvant se généraliser. Ce sont les travaux de *Berthelot* qui ont été le point de départ de la synthèse de presque tous les composés organiques. C'est ainsi qu'à partir du carbone et de l'hydrogène il a trouvé le moyen de préparer **l'acétylène,** dans l'arc électrique (1e année, § 188). En partant de ce corps, il a pu obtenir l'éthylène, le méthane, la benzine. Chacun de ces corps peut à son tour servir à la synthèse d'autres composés : alcools, aldéhydes, éthers-sels, etc., au moyen de réactions plus ou moins nombreuses. Mais c'est toujours en définitive l'acétylène qui est le point de départ.

La synthèse organique n'a pas seulement un intérêt théorique. Dans la pratique, on l'applique parfois à la préparation de corps qui existent à l'état naturel, mais qu'on trouve plus avantageux de fabriquer par synthèse. Il en est ainsi pour l'alizarine, la vanilline, par exemple.

11. Expériences. — Faire l'analyse immédiate de la pomme de terre et celle de la farine (pour celle de la farine il faut faire une boulette de pâte en mettant très peu d'eau pour que la pâte soit ferme. Puis on verse de l'eau peu à peu sur cette boulette en même temps qu'on la presse légèrement entre les doigts, et l'on recueille dans une terrine l'eau qui s'en écoule chargée d'amidon. En répétant assez de fois l'expérience, il arrive un moment où l'eau sort limpide, et où il ne reste plus entre les doigts que le gluten).

Analyse élémentaire qualitative. — Chauffer de l'*amidon* dans un tube à essai ; de la vapeur d'eau se dégage et il reste un résidu de charbon. Donc l'amidon renferme du *carbone* et de l'*hydrogène* ; il renferme aussi de l'*oxygène*. — Chauffer de l'amidon avec un petit fragment de potasse dans un tube à essai ; il n'y a pas dégagement d'ammoniaque, car on ne sent pas l'odeur caractéristique de ce gaz, et un papier de tournesol rougi placé à l'ouverture du tube ne bleuit pas. Donc l'amidon ne *renferme pas d'azote*.

Au contraire, faisons la même expérience avec le gluten obtenu dans l'analyse immédiate de la farine ; ou avec du pain, de la laine, etc. Le papier de tournesol devient bleu. Donc il s'est dégagé de l'ammoniaque, ce qui prouve que ces corps renfermaient de l'azote.

Faire brûler de la laine ; on sent une odeur de corne brûlée, due à ce que la laine renferme de l'azote. — Le coton, qui ne renferme pas d'azote, brûle sans odeur. C'est un moyen de distinguer un tissu de laine d'un tissu de coton.

Remarque. — Il sera utile de commencer l'étude de la chimie organique par la révision des lois de la chimie, des masses moléculaires et des masses atomiques, dont l'étude a été faite en 4e Année.

CHAPITRE II

CARBURES D'HYDROGÈNE

PÉTROLES

PLAN

I
Propriétés générales
- Action de l'oxygène.
- Action du chlore.

Division des carbures en séries homologues

II
Série homologue du méthane ou série méthanique
- **Propriétés communes à tous ces carbures :** ils ne peuvent donner que des produits de substitution.
- **Principaux carbures de cette série.**
- **Formules développées** de plusieurs termes.

III
Série éthylénique
- Ce sont des **carbures non saturés.**
- **Formules** des premiers termes,

IV
Série acétylénique
- donnent des **produits d'addition.**

V
Série aromatique
- donnent directement des **produits d'addition**, et des **produits de substitution.**
- **Formule** du benzène C^6H^6.
- — du toluène $C^6H^5.CH^3$.

VI
Pétroles
- **1. État naturel**
  - *Pétroles d'Amérique :* carbures forméniques.
  - *Pétroles du Caucase :* carbures benzéniques et carbures forméniques.
- **2. Extraction.**
  - Puits.
  - Pompes.
- **3. Distillation.** Produits recueillis.
  - 1° *Carbures gazeux :* employés pour le chauffage de l'appareil.
  - 2° *Éthers de pétrole :* Usages.
  - 3° *Essence de pétrole :* Usages.
  - 4° *Huiles de pétrole.*
  - 5° *Huiles lourdes.*
  - 6° *Goudrons et coke.*

15. Propriétés générales.

Les carbures d'hydrogène sont des corps neutres, composés de carbone et d'hydrogène. Tous *brûlent* avec une flamme plus ou moins éclairante. Si la proportion de carbone qu'ils contiennent est faible, la flamme est pâle et les produits de la combustion sont du gaz carbonique et de la vapeur d'eau. Si la proportion de carbone est plus considérable, la flamme est plus éclairante, et tout le carbone n'est transformé en gaz carbonique que si la quantité d'air est assez grande. Enfin les carbures très riches en carbone (paraffine), brûlent avec une flamme fuligineuse.

Le *chlore* attaque tous les carbures; tantôt il ne se forme que des produits de substitution, tantôt on obtient directement des produits d'addition et indirectement des produits de substitution, tantôt on a directement ces deux sortes de produits.

Les nombreux carbures d'hydrogène se subdivisent en séries homologues. Dans chacune de ces séries, une formule se déduit de la précédente par substitution de CH^3 à l'un des H de la formule précédente. Nous avons étudié les premiers termes des trois premières séries. Elles sont appelées **les séries grasses** parce que l'on peut faire dériver les acides contenus dans les corps gras de carbures appartenant à ces séries.

I. — SÉRIE HOMOLOGUE DU MÉTHANE

16. Les carbures de cette série brûlent, *ils ne donnent avec le chlore et le brome que des produits de substitution.* Et de même qu'avec le méthane, pour remplacer 1 atome d'hydrogène par du chlore, il faut 2 atomes de chlore, car une moitié de ce chlore se combine à l'hydrogène déplacé pour donner de l'acide chlorhydrique.

La série comprend une trentaine de carbures :

Le *méthane* CH^4;

L'*éthane* C^2H^6;

Le *propane* C^3H^8 ;

Le *butane* C^4H^{10} ;

Le *pentane* C^5H^{12}, etc.

A ce groupe appartient aussi la *paraffine*. La formule brute d'un carbone contenant **n** atomes de carbone sera

$$C^nH^{2n+2}$$

Ces carbures diffèrent entre eux par leurs propriétés physiques ; les premiers de la série sont gazeux (méthane, éthane, etc., les suivants sont liquides (pentane, hexane, etc.), et la paraffine est solide. Leur point d'ébullition s'élève à mesure qu'on avance dans la série. Ces corps sont en général des produits naturels, dont la plupart se rencontrent dans les pétroles d'Amérique.

17. Formules développées.

Pour passer d'un carbure au carbure suivant de la même série *on substitue* CH^3 *à l'un des* **H**.

La formule du méthane étant CH^4 ou $CH^3—H$, celle de l'éthane est donc $CH^3—CH^3$ (on a remplacé **H** par CH^3).

Celle du propane est $CH^3—CH^2—CH^3$, et il n'y a que cette seule manière de remplacer dans la formule de l'éthane **H** par CH^3. (On peut remarquer que tous les atomes de carbone ont leurs 4 valences satisfaites ; celui du milieu échange 1 valence avec chacun des 2 autres, le propane est en effet un carbure saturé, comme tous les carbures de cette série.)

En continuant de la même façon pour obtenir la formule du carbure suivant, on voit que, dans la formule du propane, on peut remplacer **H** par CH^3, soit dans un des groupes CH^3, soit dans le groupe CH^2. Dans le premier cas, on obtient :

$CH^3—CH^2—CH^2—CH^3$ ou butane,

et dans le second cas :

```
CH³—CH—CH³, butane isomère du précédent.
     |
    CH³
```

Or, l'**expérience** nous apprend qu'il existe en effet **2** butanes de même formule brute et **2** seulement. La théorie et l'expérience sont donc d'accord.

On obtiendrait de la même façon les formules des carbures suivants, et en même temps on trouverait par la *théorie* le nombre d'isomères correspondant à chacun d'eux, qui est toujours **égal ou supérieur** au nombre d'isomères qu'on a pu isoler *expérimentalement*.

II. — SÉRIE HOMOLOGUE DE L'ÉTHYLÈNE

L'éthylène C^2H^4 ou $CH^2{=}CH^2$ est le type d'une série de carbures qui brûlent avec une flamme éclairante et qui peuvent donner des *produits d'addition*, *et indirectement*, *des produits de substitution*, ce sont donc des carbures non saturés. De plus, tous peuvent fixer deux atomes seulement d'un corps univalent.

Citons parmi ces carbures :

Le propylène C^3H^6.

Le butylène C^4H^8.

L'amylène C^5H^{10}.

Les formules brutes sont de la forme générale :

$$C^nH^{2n}.$$

Les formules développées contiennent toutes une double liaison.

Le propylène, $CH^3{-}CH{=}CH^2$.

Le butylène dont on peut prévoir trois isomères suivant la place de l'hydrogène substitué :

(1) $CH^3{-}CH^2{-}CH{=}CH^2$.

(2) $CH^3{-}\underset{\displaystyle CH^3}{\underset{|}{C}}{=}CH^2$.

(3) $CH^3{-}CH{=}\underset{\displaystyle CH^3}{\underset{|}{CH}}$.

Le nombre d'isomères grandit rapidement.

III. — SÉRIE HOMOLOGUE DE L'ACÉTYLÈNE

Les carbures de cette série précipitent la dissolution ammoniacale de chlorure cuivreux. Ce sont des carbures non saturés ayant quatre valences libres. Leur formule générale est C^nH^{2n-2}.

Ils ont une triple liaison dans leur formule développée comme l'acétylène $CH \equiv CH$.

Remarquons que chacune de ces séries diffère de la précédente par H^2 en moins dans la formule moléculaire des carbures possédant le même nombre d'atomes de carbone.

Par déshydrogénation, on peut obtenir d'autres séries, en particulier la série C^nH^{2n-6}, appelée série aromatique.

IV. — SÉRIE AROMATIQUE

Elle a pour premier terme la benzine ou benzène C^6H^6.

Le terme suivant C^7H^8 ou $C^6H^5CH^3$ est le toluène. Ces carbures sont odorants ainsi que les suivants, ce qui a valu son nom à la série.

Leurs propriétés sont différentes de celles des carbures gras, en particulier, ils peuvent donner *directement des produits d'addition ainsi que des produits de substitution.*

PÉTROLES

18. Les pétroles, appelés aussi *huiles de pierre, huiles minérales* ou *huiles de naphte*, sont des liquides inflammables existant en abondance dans le sol de certaines régions : la Pensylvanie, la Perse, Java, les bords de la mer Caspienne, sont les principaux centres de production.

Ce sont des mélanges variables de carbures d'hydrogène *de la série forménique.* Les pétroles d'Amérique sont formés uniquement de ces carbures ; ceux du Caucase renferment en outre des carbures d'hydrogène saturés également, mais analogues aux carbures benzéniques.

19. Extraction du pétrole.

Le pétrole se trouve généralement dans de vastes poches closes, où l'on trouve superposés : de l'eau salée, des huiles minérales, des carbures gazeux comprimés au-dessus du liquide. Parfois la pression de ces gaz suffit à faire jaillir le liquide à la surface du sol. Mais le plus souvent on creuse des puits permettant d'arriver jusqu'à la nappe de pétrole, et on amène le liquide à la surface au moyen de pompes.

On recueille ainsi le *pétrole brut*, liquide huileux, brun foncé, à reflets fluorescents, et dont la densité varie de **0,78** à **0,92**. Il est parfois employé à cet état comme combustible, sur les lieux mêmes d'extraction ; mais il donne en brûlant une fumée épaisse. Presque toujours il est soumis à une **distillation fractionnée**, qui a pour but de séparer les uns des autres les carbures inégalement volatils qui entrent dans sa composition.

20. Distillation du pétrole brut.

La distillation s'opère dans de grandes chaudières de tôle, pouvant contenir jusqu'à **4.000** hectolitres de liquide, et chauffées à feu nu.

Dès que l'on chauffe, il se dégage des **carbures gazeux**, tels que le méthane, qui sont recueillis et servent en partie au chauffage de la chaudière.

Puis il passe à la distillation des produits qui se condensent par refroidissement. En chauffant graduellement à des températures de plus en plus élevées, on fait distiller des carbures de moins en moins volatils, que l'on condense à part. C'est ainsi qu'on obtient successivement les produits suivants :

1° Entre **45** et **70°**, des produits très inflammables, très dangereux à manier, constituant les **éthers de pétrole**. Ils sont incolores, odorants, très légers ($d = 0,65$). On les emploie dans les moteurs à pétrole, mélangés à de l'essence.

Ils servent parfois comme anesthésiques, à cause du froid considérable produit par leur évaporation.

2° Entre 75 et 120°, on recueille l'**essence de pétrole,** ou **essence minérale** ; c'est un liquide émettant des vapeurs à la température ordinaire, *très inflammable aussi*, et ne devant par suite être employé qu'avec grande précaution. Lorsqu'on s'en sert pour l'éclairage, il doit être brûlé dans des lampes spéciales dans lesquelles l'essence, au lieu d'être libre, imprègne une matière spongieuse. Il n'y a ainsi aucun danger d'incendie. — Lorsqu'on manie l'essence, il faut toujours se placer très loin d'une flamme, car les vapeurs qui se dégagent pourraient s'enflammer et mettre le feu aux objets environnants. Une grande quantité d'essence est employée dans les moteurs, car ses vapeurs forment avec l'air un mélange détonant. L'essence est un dissolvant des corps gras, elle sert à dégraisser les tissus.

3° Entre 120 et 280°, les produits qui distillent constituent l'**huile lampante ou huile de pétrole,** qui, raffinée, est vendue dans le commerce sous les noms de *pétrole, luciline, oriflamme*, etc. Bien rectifiée, elle n'émet pas de vapeurs à la température ordinaire et n'est pas dangereuse à manier. On reconnaît qu'il en est ainsi lorsqu'une allumette, promenée à sa surface, ne l'enflamme pas ; le pétrole rectifié ne prend feu, en effet, que s'il a été chauffé au préalable au-dessus de 35°.

Ce corps est le plus important des produits obtenus dans la distillation des pétroles. Il est surtout très employé dans l'*éclairage* parce qu'il donne une lumière assez intense, et qu'il est économique. Les lampes dans lesquelles il brûle sont constituées simplement par un réservoir contenant le liquide, et par une mèche de coton qui plonge dans ce liquide ; le pétrole monte par capillarité jusqu'à l'extrémité de la mèche où on l'enflamme. Le bec est construit de telle sorte qu'un courant d'air passe de façon continue à travers la flamme, avant de s'échapper par le verre de la lampe; et cette disposition permet au pétrole de brûler sans fumée, si la lampe est bien réglée. Le pétrole étant souvent mal rectifié, *il ne faut jamais remplir une lampe à proximité d'une flamme*. Il est dangereux aussi de remplir une lampe *aussitôt qu'elle vient d'être éteinte, et à plus forte raison pendant qu'elle est allumée*, car le réservoir peut être assez chaud pour faire enflammer le pétrole, même bien rectifié.

Le pétrole sert beaucoup aussi dans le *chauffage* domestique et industriel.

4° En élevant la température jusqu'à 400°, on obtient les **huiles lourdes,** qui, refroidies au-dessous de 0°, se séparent en deux parties : une partie liquide, l'**huile lourde** proprement dite, qui sert au graissage des machines, et est parfois employée pour le chauffage des machines à vapeur; et une partie solide, la **paraffine.**

La paraffine rectifiée est une substance blanche, cireuse, qui fond de 45 à 70° suivant sa composition; c'est en effet un mélange *variable* de carbures d'hydrogène solides. Comme elle brûle avec une flamme éclairante, on l'emploie pour faire des bougies. Mauvaise conductrice de l'électricité, elle est souvent employée comme isolant; seulement, comme elle est peu solide, on l'associe souvent au soufre (*diélectrine*).

5° Après la distillation des huiles lourdes, il reste dans les chaudières des **goudrons,** qui, fortement chauffés, se décomposent en carbures qu'on ajoute aux produits précédents, et en **coke,** employé pour le chauffage.

La **vaseline** s'obtient en arrêtant la distillation du pétrole avant d'avoir obtenu toutes les huiles lourdes. C'est un mélange de carbures renfermant de la paraffine. Elle est onctueuse, molle, inodore, d'un blanc plus ou moins pur. On l'emploie souvent en pharmacie, pour remplacer les corps gras, sur lesquels elle présente l'avantage de ne pas rancir.

21. Bitume et asphalte.

Il existe dans le sol de certaines régions des roches, appelées *schistes bitumineux*, qui, distillées, donnent des produits analogues à ceux que fournit le pétrole ; en Angleterre, ces roches sont exploitées et fournissent par distillation le *gaz portatif*, qui a un pouvoir éclairant beaucoup plus grand que le gaz de la houille, et qui est employé dans l'éclairage.

En France, il existe des bitumes dans l'Ain, dans le Puy-de-Dôme, etc.

L'asphalte est un bitume mou, qui se ramollit quand on le chauffe. Fondu et mélangé à du gravier, il est employé pour faire des trottoirs, des chaussées, etc.

Expériences. — Montrer les divers produits de distillation du pétrole.

Mettre quelques gouttes d'essence dans une soucoupe et l'enflammer; l'inflammation se produit même à distance. Montrer comment s'emplit une lampe à essence; après avoir imbibé la matière spongieuse, il faut vider le liquide en excès.

Enlever une tache de graisse avec de l'essence.

Montrer que le pétrole ne s'enflamme pas au contact d'une allumette.

CHAPITRE III

ALCOOL ÉTHYLIQUE. — FONCTION ALCOOL

PLAN

Alcools

I. Alcool éthylique.

- **Propriétés physiques.**
  - Se mélange à l'eau en toutes proportions, avec dégagement de chaleur et contraction.
  - Dissout un grand nombre de corps : corps gras, résines, essences, etc.
- **Propriétés chimiques.**
  - 1° *Oxydation.*
    - *a)* Oxydation complète : formation de CO^2 et H^2O.
    - *b)* Oxydation incomplète : formation d'*aldéhyde éthylique* et d'*acide acétique*.
  - 2° *Action du chlore.*
    - Formation d'aldéhyde éthylique, puis de produits de substitution avec l'aldéhyde (aldéhydes chlorés).
  - 3° *Action des métaux alcalins.*
  - 4° *Action des acides.*
    - Formation d'**éthers-sels.**
    - Analogie avec l'action des bases sur les acides.
- **Relation avec les carbures d'hydrogène.**
  - Dérivé de l'éthane par substitution de (OH) à H. C^2H^6 donne $C^2H^5(OH)$.
- **Usages.**
  - Boissons fermentées.
  - Éthers, collodion, vernis, etc.
  - Combustible. Moteurs à alcool.
  - Fabrication du chloroforme.

II. Fonction alcool.

- *Tous les alcools donnent avec les acides des éthers-sels et de l'eau.*
- 1° *Alcools une fois alcools.*
  - *a)* Alcools *primaires* : $R-CH^2OH$: donnent par oxydation un **aldéhyde** et un **acide.**
  - *b)* Alcools *secondaires* : $R^2=CHOH$: donnent par oxydation une **cétone.**
  - *c)* Alcools *tertiaires* : $R^3\equiv COH$: ne donnent par oxydation ni aldéhyde ni cétone.
- 2° *Alcools 2, 3... fois alcools.*
  - Donnent avec les acides une fois acides 2, 3... éthers-sels.
  - Peuvent être primaires, secondaires, tertiaires.

ALCOOL ÉTHYLIQUE

Formule : C^2H^6O ou C^2H^5OH ou $CH^3—CH^2OH$.
Masse moléculaire : $12 \times 2 + 6 + 16 = 46$.

22. L'alcool éthylique est un corps **très important,** non seulement à cause de ses usages, mais encore parce qu'il peut être considéré comme le type de toute une série de corps s'en rapprochant par quelques propriétés et désignés pour cette raison sous la dénomination commune d'alcools.

L'alcool éthylique ou *alcool ordinaire* est un produit commercial qui s'obtient par la fermentation de liquides sucrés; il existe dans les boissons fermentées et on peut le retirer du vin par distillation, d'où le nom d'*esprit-de-vin* qu'on lui donne souvent dans le commerce. Nous étudierons sa préparation industrielle à propos des fermentations.

L'alcool le plus concentré qu'on fabrique industriellement contient 95 à 96 0/0 d'alcool pur. Pour lui enlever les dernières traces d'eau qu'il contient et obtenir **l'alcool absolu,** on le mélange à de la *chaux vive*, ou mieux à de la *baryte anhydre*; puis on distille le mélange, et l'alcool passe sans eau, après deux ou trois distillations.

23. Propriétés physiques.

L'alcool pur est un liquide incolore, très mobile, d'une odeur agréable, d'une saveur brûlante ; sa densité est 0,809 à 0° ; il bout à 78°, et ne se solidifie qu'à —130°.

Il se mélange à l'eau en toutes proportions; la dissolution se fait avec dégagement de chaleur et contraction. Le volume final est toujours inférieur à la somme des volumes d'eau et d'alcool employés, et le maximum de contraction a lieu pour $47^{vol},7$ d'eau et $52^{vol},3$ d'alcool, qui donnent un volume total de $96^{vol},35$.

L'alcool éthylique **dissout** un grand nombre de corps : l'iode, le phosphore, les corps gras, les résines, les essences, les matières colorantes, etc. Aussi est-il, après l'eau, le plus employé des dissolvants.

21. Propriétés chimiques.

1° *Oxydation.* — *a*) **Oxydation complète.** — Si nous enflammons de l'alcool, il brûle avec une flamme bleue très pâle, en dégageant une grande quantité de chaleur ; il se forme de l'anhydride carbonique et de la vapeur d'eau :

$$C^2H^6O + 6O = 2CO^2 + 3H^2O.$$

La combustion est donc complète.

b) **Oxydation incomplète.** — On peut aussi obtenir des oxydations lentes de ce corps. Si nous versons goutte à goutte de l'alcool sur du noir de platine (*fig.* 7), on voit aussitôt des vapeurs se condenser sur les parois de la cloche ; elles sont formées d'**aldéhyde éthylique C^2H^4O** et d'**acide acétique $C^2H^4O^2$** : L'alcool, sous l'influence de l'oxygène de l'air, au contact du noir de platine, perd **2** atomes d'hydrogène par molécule et donne de l'aldéhyde éthylique ; puis cet aldéhyde s'oxyde lui-même en partie et donne de l'acide acétique. Les formules suivantes indiquent les réactions qui se sont produites :

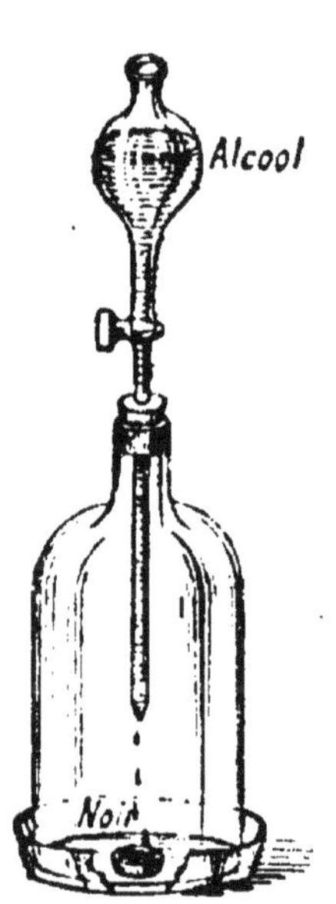

FIG. 7. — Oxydation incomplète de l'alcool.

$$\underset{\text{alcool éthylique}}{C^2H^6O} + \underset{\text{oxygène}}{O} = \underset{\text{aldéhyde éthylique}}{C^2H^4O} + \underset{\text{eau}}{H^2O}.$$

$$\underset{\text{aldéhyde éthylique}}{C^2H^4O} + \underset{\text{oxygène}}{O} = \underset{\text{acide acétique}}{C^2H^4O^2}.$$

Le même phénomène d'oxydation se produit dans la nature sous l'influence d'un ferment (transformation du vin en vinaigre).

Cette oxydation facile de l'alcool en fait un corps **réducteur**, et ses propriétés réductrices sont souvent appliquées dans les laboratoires.

2° *Action du chlore.* — Le chlore, qui se combine très facilement à l'hydrogène, a la propriété, comme l'oxygène, de transformer l'alcool en aldéhyde éthylique, par *déshydrogénation.* Si l'on fait passer un courant de chlore dans de l'alcool bien refroidi, on obtient en effet de l'aldéhyde éthylique et de l'acide chlorhydrique :

$$C^2H^6O + 2Cl = C^2H^4O + 2HCl.$$

(2H enlevés à l'alcool)

Si on continue à faire passer ce courant, le chlore donne avec l'aldéhyde des produits de **substitution,** c'est-à-dire que le chlore se substitue à l'hydrogène de l'aldéhyde en donnant des aldéhydes chlorés. On peut obtenir trois aldéhydes chlorés par substitution de **1, 2, 3** atomes de chlore à **1, 2, 3** atomes d'hydrogène.

3° *Action des métaux alcalins.* — Le potassium et le sodium peuvent se substituer à un atome d'hydrogène de l'alcool. Si l'on projette dans de l'alcool absolu de petits fragments de sodium, ils tombent au fond du vase, puis s'entourent peu à peu de bulles d'hydrogène qui se dégagent, tandis qu'il se forme de l'*éthylate de sodium* C^2H^5ONa.

Il n'y a que **1** atome d'hydrogène de l'alcool remplaçable par le métal ; ajoutons autant de sodium que nous le voudrons, nous n'obtiendrons toujours que le composé précédent. Au lieu d'écrire la formule de l'alcool C^2H^6O, nous pouvons donc déjà l'écrire C^2H^5OH en séparant **1** atome d'hydrogène des autres.

4° *Action des acides.* — L'action des acides sur l'alcool éthylique est très importante à considérer, parce qu'elle est commune à tous les alcools ; c'est la propriété qui les caractérise.

Si l'on mélange à de l'alcool éthylique un acide quelconque, il se forme peu à peu un composé nouveau, auquel on donne le nom **d'éther**, en même temps qu'il se produit de l'eau. Si l'on a employé de l'acide chlorhydrique, par exemple, on obtient un éther de formule C^2H^5Cl et la réaction peut s'écrire :

C^2H^5OH	+	HCl	=	C^2H^5Cl	+	$H^2O.$	(1)
alcool éthylique		acide chlorhydrique		éther de l'acide chlorhydrique		eau	

Le chlore a donc remplacé, dans la formule de l'alcool éthylique, **1** atome d'oxygène et **1** atome d'hydrogène, c'est-à-dire l'*oxhydrile* **OH**.

Or cette réaction ressemble beaucoup à celle de l'acide chlorhydrique sur l'hydrate de potassium ou potasse :

$K.OH$	+	HCl	=	KCl	+	$H^2O.$	(2)
hydrate de potassium		acide chlorhydrique		chlorure de potassium		eau	

En comparant ces deux réactions, on voit que l'alcool éthylique y joue un rôle analogue à la potasse, et que l'éther chlorhydrique est comparable au chlorure de potassium. C'est pourquoi on écrit la formule développée de l'alcool : $C^2H^5.OH$, comme on écrit celle de la potasse : $K.OH$ en mettant en évidence l'oxhydrile **OH**. Et de même que la potasse est l'hydrate de potassium, on peut dire que l'alcool éthylique est l'hydrate du radical C^2H^5, qu'on appelle radical **éthyle.** L'éther qu'il donne avec l'acide chlorhydrique s'appelle le **chlorure d'éthyle,** comme on dit chlorure de potassium.

L'alcool donne de même des éthers avec l'acide azotique, l'acide sulfurique, l'acide acétique, etc. Avec l'acide azotique, par exemple, on obtient **l'azotate d'éthyle**, dont la formule $AzO^3C^2H^5$ est analogue à celle de l'azotate de potassium AzO^3K. De même qu'avec la potasse, l'acide sulfurique donne deux sels de potassium (un sel acide et un sel neutre), avec l'alcool il donne deux éthers : le **sulfate acide d'éthyle** $SO^4H.C^2H^5$, analogue au sulfate acide de potassium SO^4KH, et le **sulfate neutre** $SO^4(C^2H^5)^2$, analogue au sulfate neutre SO^4K^2.

Les éthers obtenus par la réaction des acides sur l'alcool portent le nom d'**éthers-sels,** par analogie avec les sels de la chimie minérale.

25. Relation de l'alcool éthylique avec les carbures d'hydrogène.

Nous avons vu que l'alcool éthylique avec l'acide chlorhydrique donne le chlorure d'éthyle C^2H^5Cl. Or ce corps n'est autre qu'un produit de substitution de l'éthane C^2H^6 ou CH^3-CH^3. Remplaçons dans cette formule 1 atome d'hydrogène par 1 atome de chlore, et nous avons la formule du chlorure d'éthyle : C^2H^5Cl ou CH^3-CH^2Cl.

Comme d'autre part cet éther-sel provient de l'alcool éthylique par substitution de Cl à OH, on peut dire que l'*alcool éthylique dérive de l'éthane par substitution de* OH à H. On a ainsi :

Ethane :	C^2H^6	ou	CH^3-CH^3.
Chlorure d'éthyle :	C^2H^5Cl	ou	CH^3-CH^2Cl.
Alcool éthylique :	C^2H^5OH	ou	CH^3-CH^2OH.

Cette formule développée représente toutes les propriétés

$$CH^3-CH^2.OH$$

chimiques de l'alcool que nous avons étudiées : 2 atomes d'hydrogène peuvent être enlevés et donner de l'aldéhyde éthylique CH^3COH ; 1 atome d'hydrogène peut être remplacé par du potassium ou du sodium, ce qui donne l'éthylate C^2H^5OK ou C^2H^5ONa ; et l'oxhydrile (OH) peut être remplacé par un radical acide qui donne un éther-sel : chlorure d'éthyle, C^2H^5Cl ; azotate d'éthyle : $C^2H^5AzO^3$, etc.

26. Usages.

L'alcool éthylique est très employé à l'état de boissons fermentées (vin, cidre, bière), d'eaux-de-vie et de liqueurs; il est, dans tous les cas, mélangé à de l'eau et à des produits variables. On s'en sert dans l'industrie pour préparer les éthers, le collodion, les vernis à l'alcool (dissolution de résine dans l'alcool); en parfumerie, pour dissoudre les essences; en pharmacie, pour faire les dissolutions désignées sous le nom de **teintures** (teinture d'iode, d'arnica, etc.). On en fait des thermomètres pour les basses températures.

La grande quantité de chaleur qu'il dégage en brûlant le fait employer comme **combustible.** Comme il forme avec l'air un mélange détonant, on l'emploie aussi dans les moteurs dits **moteurs à alcool ;** il est alors mélangé avec un peu de benzine, et porte le nom d'*alcool carburé*.

Une partie du chloroforme est fabriquée industriellement au moyen de l'*alcool* qu'on chauffe avec de la chaux éteinte, du chlorure de chaux et de l'eau ; il distille des vapeurs de chloroforme qu'on condense et qu'on recueille.

27. Remarque.

L'alcool destiné à la consommation est frappé d'un droit très élevé (**220 fr.** par hectolitre marquant 100° à l'alcoomètre Gay-Lussac) ; si, au contraire, l'alcool doit servir à des usages industriels, ce droit est considérablement abaissé (**3** francs par hectolitre). Il est donc indispensable, pour la répartition de ces droits, de savoir reconnaître si un alcool doit ou non servir à la consommation. C'est, à cet effet, qu'on **dénature** l'alcool utilisé dans l'industrie, c'est-à-dire qu'on y ajoute des substances telles qu'il ne puisse plus ensuite servir à la consommation. Les substances dénaturantes doivent donc remplir un certain nombre de conditions : offrir une odeur et une saveur qui rendent l'alcool impropre à l'alimentation ; se volatiliser aussi facilement que l'alcool pour qu'on ne puisse pas les en séparer par distillation fractionnée ; être assez économiques pour que le prix de l'alcool ne soit pas augmenté par ces substances, etc. Jusqu'à présent, c'est généralement un mélange d'alcool méthylique, de cétone, d'huile lourde et de vert méthyle que l'on emploie.

FONCTION ALCOOL

28. L'alcool éthylique est le type de toute une série de corps appelés alcools, qui présentent dans leurs propriétés quelques analogies avec l'alcool ordinaire. C'est ainsi qu'il existe l'**alcool méthylique** ou **esprit de bois,** ainsi appelé parce qu'il s'obtient dans la distillation du bois (§ 89). Cet alcool, de formule CH^3OH, est un liquide incolore, d'une odeur spiritueuse, d'une saveur brûlante. Il dissout les mêmes corps que l'alcool ordinaire, ce qui le fait souvent employer dans la préparation des vernis au lieu de l'alcool éthylique qui est plus coûteux. Il a les mêmes propriétés chimiques que l'alcool éthylique :

1° *Il brûle* avec une flamme pâle, en dégageant beaucoup de chaleur ; aussi l'emploie-t-on beaucoup comme combustible (lampes à alcool). Il se forme du gaz carbonique et de la vapeur d'eau ;

2°) *Par oxydation incomplète il se transforme en* **aldéhyde formique,** *puis en* **acide formique,** liquide incolore ; ce même liquide existe dans le corps des fourmis et aussi dans les poils des orties, auxquels il donne leurs propriétés irritantes.

3° *Avec le sodium et le potassium, il donne des* **méthylates,** CH^3ONa par exemple.

4° *Avec les acides, il donne des* **éthers-sels** ; par exemple, il donne avec l'acide chlorhydrique du chlorure de méthyle CH^3Cl, qui n'est pas autre chose que le méthane monochloré (17, 2°). Il en résulte qu'on peut le considérer comme dérivant du *méthane, par substitution de* **OH** à **H.**

29. Alcools primaires.

L'alcool méthylique et l'alcool éthylique sont les deux premiers termes d'une série homologue, correspondant aux carbures de la série forménique.

Au *méthane* CH^4, correspond l'alcool *méthylique* CH^3OH, ou $H-CH^2OH$;

A l'*éthane* CH^3-CH^3, correspond l'alcool *éthylique* CH^3-CH^2OH ;

Au *propane* $CH^3-CH^2-CH^3$, correspond l'alcool *propylique* $CH^3-CH^2-CH^2OH$;

Au *butane*, l'alcool *butylique ;*

Au *pentane*, l'alcool *amylique*, etc.

Tous ces alcools *renferment du carbone, de l'hydrogène et de l'oxygène ; par oxydation, ils donnent un aldéhyde et un acide.*

Avec les acides ils donnent des éthers-sels, avec élimination d'eau.

On appelle **alcools primaires** tous les alcools qui jouissent de l'ensemble des propriétés précédentes. Nous n'avons cité ici que les plus importants ; mais il en existe beaucoup d'autres correspondant aux divers carbures qui renferment le groupement CH^3.

Tous les alcools primaires sont caractérisés par le groupement CH^2-OH, *qui est univalent.*

30. Alcools secondaires.

Nous avons dit que, pour obtenir la formule des alcools à partir de celle des carbures, il suffit de *remplacer* H *par* OH.

Or, considérons le propane $CH^3-CH^2-CH^3$. Il y a deux manières de remplacer H par OH, car on peut remplacer, soit 1H de CH^3, soit 1H de CH^2. Dans le premier cas, on obtient l'alcool propylique $CH^3-CH^2-CH^2OH$. Dans le second cas, on obtient un alcool isomère du précédent, de formule $CH^3-CH(OH)-CH^3$. Or l'**expérience** nous apprend qu'il existe en effet 2 alcools isomères, correspondant au propane. Le second, alcool *isopropylique*, donne bien aussi des éthers-sels avec élimination d'eau ; mais, par oxydation, au lieu de donner un aldéhyde et un acide, il donne une **cétone.** Les cétones ne diffèrent de l'alcool que par **2** atomes d'hydrogène en moins, comme les aldéhydes. Seulement, par oxydation, elles ne donnent pas d'acide ayant le même nombre d'atomes de carbone.

Tous les alcools qui, par oxydation, donnent une cétone, sont appelés alcools secondaires ; ils sont caractérisés par le groupement **CH(OH)**, qui est divalent. Ils donnent comme les alcools primaires, des éthers-sels avec les acides. Au butane, au pentane, et à tous les carbures qui renferment le groupe **CH^2**, correspondent des alcools secondaires.

30. Alcools tertiaires.

Enfin, il existe des alcools **tertiaires** qui ne donnent par oxydation ni aldéhyde, ni cétone, mais divers composés parmi lesquels se trouvent l'anhydride carbonique, les acides formique et acétique. Ces alcools sont caractérisés par le *groupement* **COH** *qui est trivalent.* Comme tous les autres, ils donnent, avec les acides, des éthers-sels. On peut concevoir l'existence de ces alcools en les faisant dériver des carbures, comme nous avons fait pour les alcools secondaires. On trouverait ainsi qu'à tous les carbures renfermant le groupe **CH** correspond un alcool tertiaire.

31. Propriétés communes à tous les alcools.

Tous les alcools, quels qu'ils soient, sont formés de carbone, d'hydrogène et d'oxygène. *Tous se combinent* **aux acides** *pour donner des* **éthers-sels** *avec élimination d'eau.* C'est là leur propriété commune ; elle est mise en évidence dans leur formule par l'existence de l'oxhydrile **OH**, qu'on retrouve en effet dans tous les alcools, primaires, secondaires ou tertiaires. Seulement, avec un même acide le rendement en éther n'est pas le même pour tous ces alcools : il va, en diminuant, des alcools primaires aux alcools tertiaires.

33. Alcools plusieurs fois alcools.

Tous les alcools que nous avons étudiés jusqu'à présent sont *une seule fois alcools, c'est-à-dire qu'avec un acide une fois acide*, tel que l'acide chlorhydrique, *ils ne donnent qu'un seul éther-sel*.

Il existe aussi des alcools **plusieurs fois alcools**, ce qui se conçoit d'après la façon dont nous faisons dériver les alcools des carbures. Considérons l'éthane $CH^3—CH^3$. Nous avons obtenu la formule de l'alcool éthylique en remplaçant **1** fois **H** par **(OH)**. Mais nous pouvons aussi remplacer **2** atomes d'hydrogène par **2** fois **(OH)**, et nous obtenons un nouvel alcool, de formule $\begin{matrix}CH^2OH\\|\\CH^2OH\end{matrix}$ qui est **2** fois alcool ou *dialcool*.

Ce corps, dont nous venons de concevoir l'existence par la théorie, existe en effet, car on a pu l'obtenir, et on l'appelle **glycol éthylénique**. Avec un acide tel que l'acide chlorhydrique, il donne **2** *éthers-sels*, l'un de formule $\begin{matrix}CH^2OH\\|\\CH^2Cl\end{matrix}$; l'autre de formule $\begin{matrix}CH^2Cl\\|\\CH^2Cl\end{matrix}$. La même chose a lieu avec l'acide azotique, l'acide acétique, etc. C'est donc bien un alcool **2** fois alcool. Il est d'autre part alcool *primaire*, car l'expérience montre que par oxydation il donne deux *aldéhydes*, puis deux *acides* (il en donne deux parce qu'il est **2** fois alcool ; ou plutôt, le fait de donner **2** aldéhydes et **2** acides *vérifie* une fois de plus sa propriété d'être dialcool).

Il existe de même des alcools **3, 4, 5, 6** fois alcools ; et ces alcools peuvent être primaires, secondaires ou tertiaires. Nous verrons, par exemple, la glycérine qui est un alcool

3 *fois alcool* ; elle est 2 fois alcool primaire et 1 fois alcool secondaire.

Phénols. — Aux carbures aromatiques correspondent par substitution de OH à H dans leur formule moléculaire, des composés voisins des alcools. Ils peuvent donner des éthers sels, mais ils ne donnent ni aldéhyde, ni cétone. Ils se rapprocheraient donc des alcools tertiaires, mais l'action des acides azotique et sulfurique les en distingue. Ce sont les *phénols*. Au benzène correspond le phénol proprement dit, $C^6H^5.OH$.

31. Expériences. — *Alcool éthylique.* — Enlever une tache de graisse sur une étoffe au moyen de l'alcool. Application : nettoyage des dentelles, des rubans, etc. — Faire brûler de l'alcool dans une soucoupe ; refroidir la flamme par une assiette pour constater le dépôt de gouttelettes d'eau.

Alcool méthylique. — Montrer qu'il dissout les résines (vernis à l'alcool). Le faire brûler et constater la formation de vapeur d'eau. C'est l'alcool méthylique ou l'alcool éthylique qu'on emploie dans les lampes à alcool.

Faire le mélange d'eau et d'alcool dans un tube fermé à une extrémité. — Introduire l'eau, puis l'alcool, remplir complètement, et montrer que le mélange ne remplit plus le tube. — Oxyder l'alcool sur de la mousse de platine.

CHAPITRE IV

ÉTHERS-SELS, ÉTHER ORDINAIRE

PLAN

Éthers-sels

I Définition

- *Ils résultent de l'action des acides sur les alcools avec élimination d'eau.*
- Analogie avec l'action des acides sur les bases.
- Différence avec cette action : *l'éthérification n'est ni instantanée ni complète.* Limite de l'éthérification : c'est le phénomène inverse ou saponification par l'eau.

II Éthérification

- Combinaison d'un acide avec un alcool.
- Moyen de rendre l'éthérification le plus complète possible : *enlever l'eau* qui se forme.
- Conséquence. Moyen de préparer un éther-sel :
  - On chauffe l'alcool avec un sel de l'acide et de l'acide sulfurique.
  - Double rôle de l'acide sulfurique dans cette préparation : il met en liberté l'acide et il enlève l'eau formée.

III Saponification

- Décomposition d'un éther-sel par *l'eau*, en *alcool* et en *acide*.
- Les *bases* peuvent saponifier aussi les éthers-sels : il y a formation d'un alcool et d'un sel de l'acide et de la base. C'est le moyen d'avoir la saponification complète.

IV Principaux éthers-sels

- *Chlorure de méthyle*
  - S'extrait des vinasses de betteraves.
  - Emploi dans l'industrie des matières colorantes et comme anesthésique.
- *Iodure d'éthyle :* Sert à la fabrication de couleurs d'aniline.
- *Acétate d'éthyle*
  - Préparation du celluloïd.
  - Calmant des affections des voies respiratoires.

Éthers-oxydes

I Mode de formation

- Résultent de la combinaison d'*un alcool avec un autre alcool ou avec lui-même, en même temps qu'il y a perte d'eau.* Ils proviennent donc de la déshydratation des alcools, d'où leur nom d'éthers-oxydes.

II Éther ordinaire

- **1° Préparation**
  - Chauffer *alcool éthylique* avec acide sulfurique. Tout se passe comme si l'acide sulfurique enlevait 1 molécule d'eau à 2 molécules d'alcool.
- Explication de ce qui se passe en réalité :
  - Formation de sulfate acide d'éthyle;
  - puis formation d'éther ordinaire,
  - ou, à une température plus élevée, formation d'éthylène.
- **2° Propriétés**
  - Liquide très volatil.
  - Odeur forte et agréable. Saveur brûlante.
  - Dissout alcaloïdes, essences, graisses.
  - Il brûle et forme avec l'air un mélange détonant.
- **3° Usages**
  - dans l'industrie (explosifs).
  - en médecine (anesthésique et calmant).

ÉTHERS-SELS

35. On appelle **éthers-sels** des corps résultant de l'action des acides sur les alcools, avec élimination d'eau (§ 56, 4°). De même que les sels minéraux proviennent de la substitution d'un métal à l'hydrogène d'un acide, les éthers-sels proviennent de la substitution d'un **radical alcoolique** à l'hydrogène d'un acide.

Si l'acide est monoacide, l'alcool donne un seul éther-sel. Ainsi l'acide chlorhydrique, l'acide azotique donnent avec l'alcool éthylique *un* chlorure et *un* azotate d'éthyle :

$$C^2H^5(OH) + HCl = C^2H^5Cl + H^2O,$$
$$C^2H^5(OH) + AzO^3H = AzO^3C^2H^5 + H^2O.$$

Si l'acide est 2 fois acide, l'alcool donne 2 éthers-sels : l'acide sulfurique, par exemple, donne avec l'alcool éthylique un sulfate acide et un sulfate neutre d'éthyle :

$$C^2H^5(OH) + SO^4H^2 = \underset{\text{sulfate acide d'éthyle}}{SO^4H(C^2H^5)} + H^2O,$$
$$2C^2H^5(OH) + SO^4H^2 = \underset{\text{sulfate neutre d'éthyle}}{SO^4(C^2H^5)^2} + 2H^2O.$$

Avec les corps 3 fois acides, comme l'acide phosphorique, on obtient 3 éthers-sels, etc.

La combinaison d'un acide avec un alcool s'appelle **éthérification**, les éthers des acides oxygénés sont appelés **éthers composés**; ceux des hydracides sont appelés **éthers simples** (iodure, chlorure d'éthyle, etc.).

Tous les faits précédents établissent bien une analogie entre la combinaison des alcools et celle des bases avec les acides. Mais il existe entre ces deux actions une différence importante : c'est que la combinaison d'un acide et d'une base est généralement **instantanée et complète**, tandis que l'éthérification ne l'est jamais. Expliquons-nous par des exemples. Si nous mélangeons de la potasse et de l'acide azotique dans les proportions indiquées par la formule :

$$KOH + AzO^3H = AzO^3K + H^2O,$$

toute la potasse se combine **immédiatement** à **tout** l'acide azotique. Au contraire, mélangeons de l'acide azotique et de l'alcool éthylique dans les proportions indiquées par la formule :

$$C^2H^5OH + AzO^3H = C^2H^5AzO^3 + H^2O, \qquad (1)$$

nous constatons que la combinaison ne se produit que peu à peu, et se prolonge pendant un temps plus ou moins long, surtout à la température ordinaire : **elle n'est pas instantanée.** De plus, **elle n'est pas complète,** car jamais tout l'acide ne se combine à tout l'alcool ; cela tient à ce que *l'eau formée tend à décomposer l'éther-sel, en redonnant l'acide et l'alcool.* Ainsi, on a bien, d'une part, la réaction (1) ; mais, à la même température, l'eau peut décomposer l'azotate d'éthyle en formant de l'acide azotique et de l'alcool éthylique :

$$C^2H^5AzO^3 + H^2O = C^2H^5OH + AzO^3H. \qquad (2)$$

Autrement dit, les réactions (1) et (2) sont inverses l'une de l'autre. La seconde porte le nom de **saponification** ; donc, la saponification est inverse de l'éthérification. Ces deux phénomènes pouvant se produire à la même température, on arrive nécessairement à un état d'équilibre toutes les fois qu'on éthérifie un alcool ou qu'on saponifie un éther par l'eau : l'éthérification s'arrête dès que l'eau mise en liberté tend à décomposer l'éther, et inversement, la saponification s'arrête quand l'acide mis en liberté tend à se combiner avec l'alcool.

36. Éthérification.

Pour obtenir l'éthérification la plus complète possible, il faut enlever l'eau à mesure qu'elle se forme, puisque c'est elle qui saponifie l'éther formé. Pour cela, on emploie de l'acide sulfurique, et la préparation de l'éther nécessite par suite comme matières premières : un *alcool*, un *acide* ou mieux un *sel de cet acide*, et de l'*acide sulfurique*. Soit à préparer de l'acétate d'éthyle : 1° on fait un mélange d'alcool et d'acide sulfurique en versant goutte à goutte l'*acide dans l'alcool* ; 2° on chauffe ce mélange avec de l'acétate de sodium (*fig.* 28). L'acide sulfurique joue un double rôle : il met en liberté l'acide acétique qui peut ainsi éthérifier l'alcool, et il absorbe l'eau à mesure qu'elle se produit.

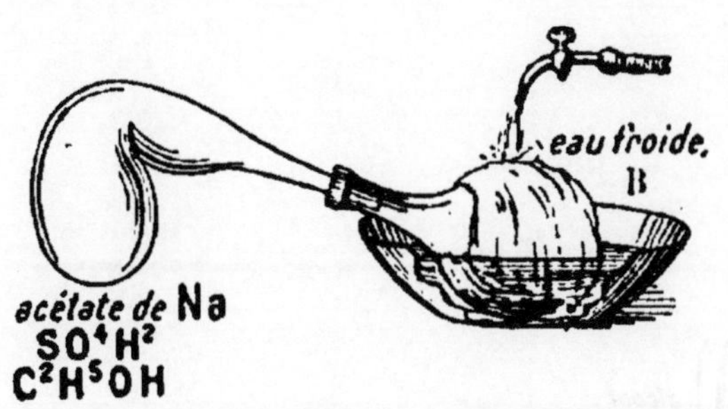

Fig. 7. — Préparation de l'acétate d'éthyle. En B, le ballon est sans cesse refroidi pour que l'acétate d'éthyle se condense.

Ce mode de préparation des éthers-sels est général.

37. Saponification.

La saponification est la décomposition d'un éther-sel en alcool et en acide. Elle peut être faite par l'**eau**, et dans ce cas elle est incomplète ; mais les hydrates basiques, tels que la **potasse**, la **soude**, peuvent aussi saponifier un éther-sel, et dans cet autre cas la réaction est complète, parce que la base se combine à l'acide à mesure qu'il est mis en liberté, et l'empêche ainsi d'éthérifier l'alcool. Exemple : de l'acétate d'éthyle chauffé avec de la potasse donne de l'alcool éthylique et de l'acétate de potassium. De même, les corps gras sont des éthers-sels ; saponifiés avec de la potasse ou de la soude, ils donnent des sels qu'on appelle des **savons**. L'analogie avec ce phénomène a fait donner à la décomposition des éthers par l'eau ou par les bases le nom de *saponification*.

ÉTHERS-OXYDES

38. Il existe d'autres éthers que les éthers-sels; on les obtient non par la combinaison d'un acide avec un alcool,

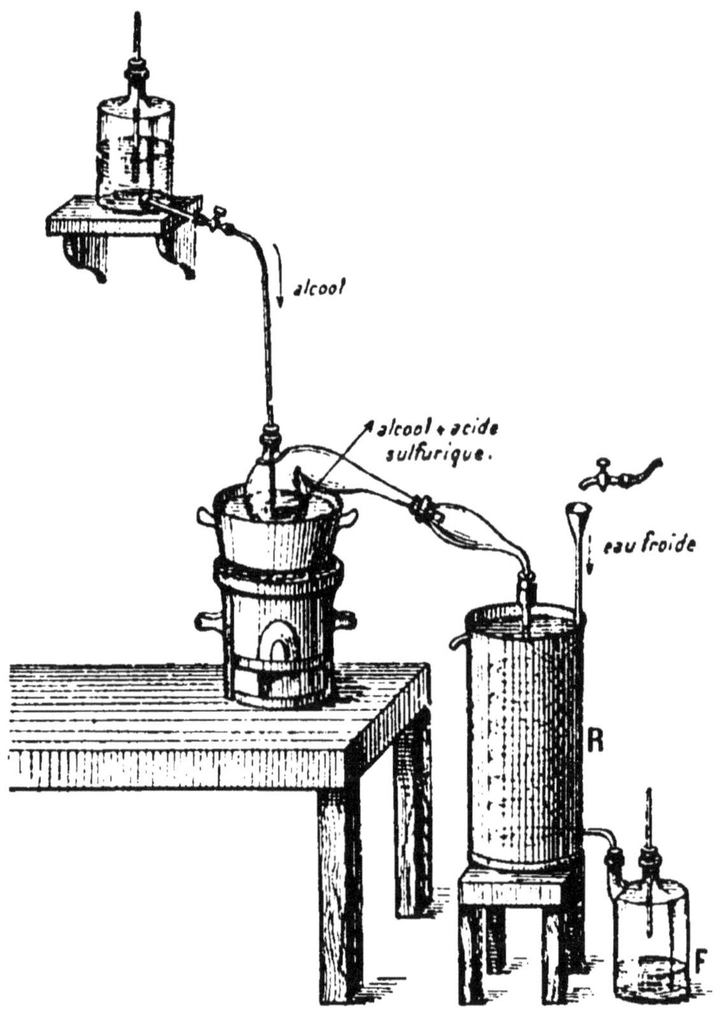

FIG. 8. — Préparation de l'éther sulfurique : en R, l'éther arrive dans un serpentin refroidi où il se condense. Il est recueilli en F.

mais par celle d'un *alcool avec un autre alcool ou avec lui-même;* comme dans la formation des éthers-sels, il y a élimination d'eau. Ces éthers sont appelés **éthers-oxydes,** car ils proviennent en somme de la **déshydratation des alcools.** Le plus important est **l'éther ordinaire,** ou *éther éthylique*, ou *éther des pharmaciens*, qui correspond à l'alcool éthylique; il est connu surtout sous le nom d'éther.

39. Ether ordinaire $\begin{matrix} C^2H^5 \\ C^2H^5 \end{matrix} \Big> O.$

Préparation. — Si l'on chauffe de **l'alcool éthylique** avec de **l'acide sulfurique** vers **140°** (*fig.* 8), il distille un corps liquide, incolore, qui est de l'éther ordinaire ou *éther sulfurique*, ainsi appelé parce qu'on emploie de l'acide sulfurique dans sa préparation. Il semble y avoir eu tout simplement **déshydratation** de l'alcool par l'acide sulfurique; enlevons en effet **1** molécule d'eau à **2** molécules d'alcool : $\begin{matrix} C^2H^5OH \\ + \\ C^2H^5OH \end{matrix}$. Il reste bien de l'éther $\begin{matrix} C^2H^5 \\ C^2H^5 \end{matrix} \Big> O.$

2 molécules d'alcool
— 1 molécule d'eau

Mais, dans la formation de l'éther-oxyde : 1° il se dégage de l'eau avec l'éther; 2° une petite quantité d'acide peut transformer une quantité illimitée d'alcool. Or, ces deux phénomènes ne pourraient pas avoir lieu si le rôle de l'acide sulfurique était d'enlever de l'eau à l'alcool. Donc le phénomène n'est pas une simple déshydratation. On a pu montrer d'ailleurs que le mélange d'**alcool** éthylique et d'**acide** sulfurique produit d'abord un **éther-sel,** le sulfate acide d'éthyle :

$$\underset{\text{alcool éthylique}}{C^2H^5(OH)} + \underset{\text{acide sulfurique}}{SO^4H^2} = \underset{\text{sulfate acide d'éthyle}}{SO^4H.C^2H^5} + \underset{\text{eau}}{H^2O}. \quad (1)$$

Puis ce sulfate acide d'éthyle se décompose au contact

d'une nouvelle quantité d'alcool, en reformant de l'acide sulfurique et en donnant de l'**éther-oxyde** :

$$\underset{\text{sulfate acide d'éthyle}}{SO^4H.C^2H^5} + \underset{\text{alcool éthylique}}{C^2H^5(OH)} = \underset{\text{éther-oxyde}}{\begin{matrix} C^2H^5 \\ C^2H^5 \end{matrix}\Big\rangle O} + \underset{\text{acide sulfurique}}{SO^4H^2}. \quad (2)$$

On comprend ainsi que de l'eau se dégage (1) et que l'acide sulfurique serve indéfiniment, puisqu'il se reforme en quantité égale à celle qui a été employée (2).

Remarque. — Il ne faut pas chauffer au-dessus de **140°** le mélange qui sert à préparer l'éther, car, à **160°**, il se forme de l'**éthylène** : C^2H^4 (§ 29). La formation de ce corps s'explique par la décomposition du sulfate acide d'éthyle sous l'influence de la chaleur :

$$\underset{\text{sulfate acide d'éthyle}}{SO^4HC^2H^5} = \underset{\text{éthylène}}{C^2H^4} + \underset{\text{acide sulfurique}}{SO^4H^2}.$$

10. Propriétés.

L'éther est un liquide incolore, très volatil, d'une odeur forte et agréable, d'une saveur brûlante. Il bout à **35°**, et son évaporation rapide à la température ordinaire produit un froid qui permet de l'employer comme réfrigérant. Il est peu soluble dans l'eau, à la surface de laquelle il surnage. Il dissout un certain nombre de corps, parmi lesquels les alcaloïdes, les essences, les graisses. C'est ce qui permet de l'utiliser pour extraire certains alcaloïdes des végétaux qui les renferment, pour dissoudre les matières grasses, etc.

L'éther brûle très facilement : au contact d'un corps enflammé, d'une étincelle électrique, il brûle avec une belle flamme blanche, en donnant de l'anhydride carbonique et de la vapeur d'eau. Sa vapeur forme avec l'air un mélange détonant. Il ne faut donc *manier l'éther que loin de toute flamme;* ce corps est aussi dangereux que l'essence de pétrole.

11. Usages.

L'éther est employé dans la préparation du collodion, de la soie artificielle, du celluloïd ; il sert à fabriquer la mélinite, la poudre sans fumée et d'autres explosifs. — On l'emploie en chirurgie comme anesthésique, car il provoque le sommeil et l'insensibilité comme le chloroforme. En médecine, il est employé comme calmant.

12. Expériences. — *Éthers-sels.* — Chauffer de l'alcool et de l'acide acétique dans un tube à essai, on sent une odeur différente de celle de l'alcool et de l'acide ; c'est l'odeur de l'acétate d'éthyle qui s'est formé.

Éther ordinaire. — Dissoudre dans l'éther des graisses, des résines, etc. Mettre un peu d'éther dans une soucoupe et l'enflammer. Plonger dans de l'eau à **40°** un tube à essai contenant de l'éther ; dès que l'éther est chauffé à **35°**, il entre en ébullition.

CHAPITRE V

ACIDES ORGANIQUES

ACIDE ACÉTIQUE ET VINAIGRE
ACIDE OXALIQUE

PLAN

I Vinaigre.

- **Principe** de la fabrication. — *Fermentation acétique*, c'est-à-dire transformation de l'alcool éthylique en acide acétique sous l'influence d'un ferment qui fixe l'oxygène de l'air sur l'alcool.
- Divers **procédés** de fabrication.
  - *procédé orléanais*.
  - *procédé Pasteur*, qui est un perfectionnement du précédent.

II Acide acétique.

- **1° Propriétés chimiques.**
  - 1° Les vapeurs d'acide acétique **brûlent** en donnant CO^2 et H^2O ;
  - 2° Avec le **chlore**, formation de *produits de substitution* (acides acétiques chlorés ; on peut en obtenir 3) ;
  - 3° C'est un corps **une fois acide**. Les sels sont des *acétates*.

  La formule développée CH^3-CO(OH) représente bien toutes ces propriétés.

  Les acides organiques sont caractérisés dans leur formule par le groupe fonctionnel CO (OH), qui s'y trouve autant de fois que le corps est de fois acide.
- **2° Usages.**
  - Acide acétique : fabrication du vinaigre, des acétates. Photographie. Pharmacie.
  - Vinaigre : alimentation.
  - Principaux acétates ayant des applications pratiques.
    - Acétate de cuivre.
    - — de fer.
    - — d'aluminium.
    - — de plomb.
- **3° Fabrication industrielle de l'acide acétique.**
  - **Distillation du bois.**
    - *gaz* combustibles, servent à chauffer les cornues.
    - *liquide* : est formé d'*alcool méthylique* et d'*acide acétique*.
    - *goudrons* : *paraffine*, *créosote*, etc.
    - *charbon de bois*, qui reste dans la cornue.

  Pour séparer l'alcool méthylique de l'acide acétique, on transforme l'acide acétique en un sel qu'on décompose ensuite par l'acide sulfurique.

I Acide Oxalique

- **Propriétés physiques :** solide blanc, cristallisé. C'est un *poison*.
- **Propriétés chimiques**
  - 1° C'est un *corps 2 fois acide*. Les sels sont des oxalates, neutres ou acides ;
  - 2° C'est *un réducteur*. Il se décompose par la chaleur en oxyde de carbone, gaz carbonique et eau. S'il y a à son contact un corps oxydant, il se forme seulement du gaz carbonique et de l'eau.
- **Usages**
  - Sert en teinture, comme rongeant.
  - Dissout les oxydes métalliques, d'où emploi pour nettoyer les métaux, pour enlever les taches d'encre et de rouille (sel d'oseille).
  - Usages des oxalates
    - oxalate de fer en photographie.
    - oxalate d'ammonium pour reconnaître sels de calcium.
- **Préparation :** dans l'industrie, on oxyde la cellulose (sciure de bois) par de la soude.

VINAIGRE

13. Fermentation acétique.

En étudiant l'alcool éthylique, nous avons vu qu'une de ses propriétés est de pouvoir s'oxyder en donnant, outre l'aldéhyde éthylique, de l'**acide acétique.** Cette oxydation ne se fait pas seulement en présence du noir de platine, elle peut aussi se produire à l'air sous l'influence d'un **ferment** et porte alors le nom de **fermentation acétique.** C'est ainsi que le *vin*, qui renferme de l'alcool éthylique, peut donner, par fermentation acétique, du *vinaigre*, qui renferme de l'acide acétique. Le ferment qui produit la transformation est une bactérie, le *Mycoderma aceti*. Les bactéries, cellules petites, arrondies, placées les unes à la suite des autres en chapelet (*fig.* 9), forment, à la surface du vin qui fermente, une sorte de voile appelé *fleur* ou *mère du vinaigre ;* elles ne se développent que si elles sont à l'air, et dans ce cas seulement,

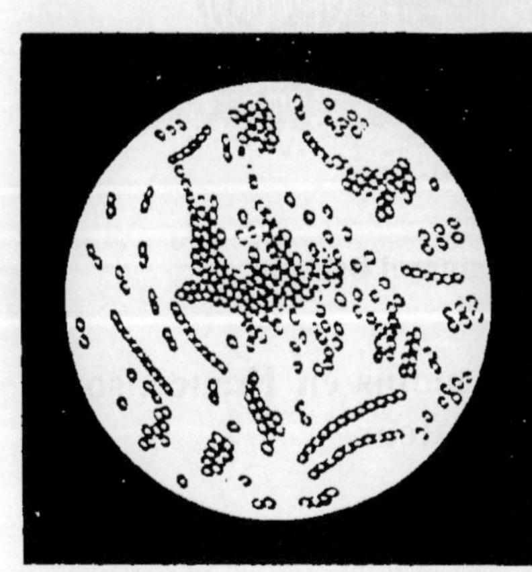

Fig. 9. — Mycoderma aceti.

elles fixent l'oxygène sur l'alcool du vin et le transforment en acide acétique :

$$CH^3-CH^2OH + 2O = CH^3-CO(OH) + H^2O.$$

Il faut éviter que l'action se prolonge trop, car, lorsqu'il n'y a plus d'alcool, le mycoderme fixe l'oxygène sur l'acide acétique et le transforme en gaz carbonique et en eau.

La fermentation acétique est la base de la fabrication industrielle du vinaigre. On acétifie, dans cette fabrication, soit du vin ou quelquefois du cidre, soit de l'alcool étendu.

FIG. 10. — Fabrication du vinaigre d'Orléans.

Les procédés les plus employés, au moins en France, sont le procédé orléanais et le procédé Pasteur.

41. Procédé orléanais.

On emploie des tonneaux qui sont rangés debout dans un cellier dont la température est maintenue constante à 25 ou 30° (*fig.* 10). Ces tonneaux sont percés à leur paroi supérieure de deux trous : l'un sert à introduire le vin ; l'autre à permettre l'entrée de l'air. On verse dans chaque tonneau 100 litres environ de vinaigre provenant d'une opération antérieure, puis 10 litres de vin. L'acétification se fait lentement ; au bout d'un mois environ, on retire 10 litres de vinaigre que l'on remplace par du vin. A partir de ce moment, on peut, tous les huit jours, soutirer 10 litres de vinaigre et ajouter 10 litres de vin. Le vinaigre obtenu par ce procédé possède un arome agréable ; cela tient à ce que la température n'ayant pas été élevée au-dessus de 30°, les principes aromatiques du vin ne se sont pas dégagés. Mais ce procédé a l'inconvénient d'être très lent. De plus il se développe souvent, dans les tonneaux, des anguillules, petits vers minces qui, ayant besoin d'air pour respirer, submergent le mycoderme et peuvent ainsi arrêter l'acétification. Ce procédé n'est, par suite, employé que dans les petites vinaigreries, ainsi que dans les ménages. Dans les vinaigreries importantes, c'est le procédé Pasteur que l'on emploie presque toujours.

15. Procédé Pasteur.

Le procédé Pasteur est un perfectionnement du procédé orléanais. Au lieu de tonneaux, on emploie des cuves larges et peu profondes, afin qu'il y ait une grande surface de liquide exposée à l'air, ce qui permet une acétification plus rapide. Ces cuves sont fermées pour éviter les pertes par évaporation ; mais deux ouvertures latérales assurent la circulation de l'air. A la surface du liquide qui doit fermenter, on sème du mycoderme très actif provenant d'une cuve en fermentation depuis 2 ou 3 jours. De cette manière le mycoderme se développe avec rapidité, forme un voile épais, et les anguillules ne peuvent pas vivre. D'ailleurs, après chaque opération, on nettoie la cuve pour arrêter leur développement.

Dans le procédé Pasteur, une cuve de 100 litres fournit

par jour 6 à 7 litres de vinaigre. Comme on opère à basse température, on obtient du vinaigre d'aussi bonne qualité qu'avec le procédé orléanais. Enfin on peut acétifier par ce procédé de l'alcool étendu aussi bien que du vin.

Il existe un autre procédé dit **procédé allemand,** plus rapide que le procédé orléanais, mais qui donne du vinaigre de qualité inférieure. Nous ne l'étudierons pas.

16. Acide acétique CH^3-COOH.

Le vinaigre contient en moyenne 7 à 8 0/0 d'acide acétique. Par distillation, on pourrait séparer ce liquide; il est incolore, d'une odeur très pénétrante, d'une saveur acide. Il se solidifie, lorsqu'il est pur, à 17°; on l'appelle alors *acide acétique cristallisable;* il est donc presque toujours solide à la température ordinaire. Mais, dès qu'il renferme un peu d'eau, il reste liquide à une température inférieure à 17°. Il bout à 118°.

17. Propriétés chimiques.

1° Les vapeurs d'acide acétique **brûlent** lorsqu'on en approche un corps enflammé. Il se produit du gaz carbonique et de la vapeur d'eau. Si les vapeurs sont chauffées dans un tube porté au rouge, à l'abri de l'air, elles se décomposent en *méthane* et en gaz carbonique (préparation du méthane dans les laboratoires).

2° *Action du chlore.* — Le chlore donne, avec l'acide acétique, des produits de *substitution.* C'est ainsi que, sous l'influence des rayons solaires, on obtient successivement : l'*acide acétique monochloré*, $CH^2Cl-COOH$; l'*acide acétique dichloré*, $CHCl^2-COOH$, et l'*acide acétique trichloré*, CCl^3-COOH. Il est impossible de remplacer par du chlore le dernier atome d'hydrogène; c'est pour cette raison que, dans la formule développée de l'acide acétique, nous mettons à part 3 atomes d'hydrogène.

Les produits chlorés obtenus ont la propriété caractéristique de l'acide acétique, celle d'être des acides.

3° *C'est un corps une fois acide.* — L'acide acétique rougit le tournesol. Il se combine avec les *bases* en donnant des sels; avec la potasse, il donne un seul sel, l'acétate de potassium; avec la chaux, il donne l'acétate de calcium; avec la litharge, l'acétate de plomb, etc. Au contact de l'air, l'acide acétique forme avec quelques *métaux* des acétates, par combinaison de l'acide avec l'oxyde du métal; c'est ainsi que, chauffé avec du cuivre à l'air, il donne de l'acétate de cuivre; avec le plomb, il forme de l'acétate de plomb. A la température ordinaire, la combinaison a lieu aussi, mais plus lentement. C'est parce que les acétates de cuivre et de plomb sont vénéneux qu'il ne faut pas laisser séjourner des aliments vinaigrés dans des ustensiles de cuivre ou dans des poteries grossières dont le vernis est à base de plomb. Enfin l'acide acétique donne avec les *alcools* des éthers-sels; c'est ainsi qu'avec l'alcool éthylique il forme l'acétate d'éthyle; avec l'alcool méthylique, l'acétate de méthyle, etc. Lorsque l'alcool est une seule fois alcool, l'acide acétique ne donne qu'un éther-sel.

Toutes ces propriétés prouvent bien que ce corps est un acide. Elles prouvent de plus qu'il est **une fois acide,** car avec les bases des métaux univalents, il ne donne qu'un seul sel, et avec les alcools une fois alcool, un seul éther-sel.

Sa formule développée $CH^3—CO(OH)$ met en évidence cette propriété **monoacide,** par le groupement $CO(OH)$ qui ne s'y trouve qu'une fois.

Cette formule dérive en somme de celle de l'alcool éthylique $CH^3 - CH^2(OH)$ par substitution de 1 atome d'oxygène à 2 atomes d'hydrogène. On peut remarquer que les acides acétiques chlorés renferment, eux aussi, le groupe $CO(OH)$, ce qui correspond à la propriété acide qu'ils ont également.

18. Fonction acide.

L'acide acétique est le type de toute une série de composés organiques qui jouissent de la **fonction acide** ;comme les acides minéraux, ils se combinent aux bases en donnant des sels; ils peuvent déplacer d'autres acides de leurs sels; ils se combinent aux alcools en donnant des éthers-sels.

Les acides organiques proviennent de l'oxydation des alcools primaires ou des aldéhydes; ils sont caractérisés par le groupement **COOH**, qui existe une seule fois dans leur formule s'ils sont monoacides; **2** fois s'ils sont biacides, etc. Ces acides sont très nombreux.

49. Usages de l'acide acétique et du vinaigre.

L'acide acétique est surtout employé à la fabrication des **acétates.** L'*acétate de cuivre* ou *verdet* sert en teinture; les acétates de *fer*, *d'aluminium* sont employés comme mordants, pour fixer les matières colorantes sur les tissus.

L'*acétate neutre de plomb* ou *sel de Saturne* peut se combiner avec un excès de litharge ou oxyde de plomb en donnant des acétates basiques dont le plus important est l'*acétate tribasique*; il sert à préparer la céruse dans le procédé de Clichy. En solution mélangée d'alcool, il constitue l'*extrait de Saturne* qui, additionné d'eau, forme l'*eau blanche* employée en pharmacie comme résolutif.

En dehors de son emploi dans la fabrication des acétates, l'acide acétique sert en photographie et en pharmacie.

Enfin, on utilise une grande quantité d'acide acétique pour fabriquer du vinaigre; il suffit pour cela de diluer l'acide dans de l'eau.

Quant au vinaigre, il est employé dans l'alimentation comme condiment et pour faire des conserves. Il sert aussi dans la préparation des vinaigres de toilette et dans la fabrication de la céruse par le procédé hollandais.

50. Distillation du bois.

Tout l'acide acétique employé dans l'industrie est obtenu par la distillation du bois. On chauffe le bois dans une cornue en fonte communiquant avec un serpentin constamment refroidi par un courant d'eau (*fig.* 11). Il se dégage de l'eau, des goudrons, de l'acide acétique, de l'alcool méthylique ou esprit de bois, des cétones : tous ces corps se condensent par le refroidissement, tandis que d'autres produits plus volatils, oxyde de carbone, carbures d'hydrogène, échappent à la condensation et constituent des **gaz** combustibles que l'on conduit dans le foyer pour les brûler;

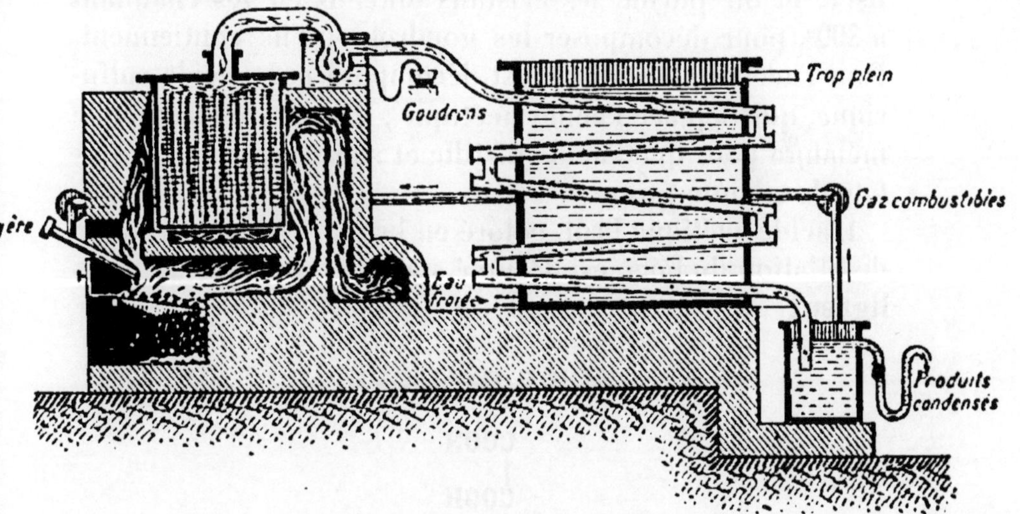

Fig. 11. — Distillation du bois.

leur combustion suffit pour chauffer la cornue. Il reste dans l'appareil du **charbon de bois.**

Le liquide condensé se divise en deux couches que l'on sépare par décantation. La couche inférieure est formée de **goudrons,** desquels on retire divers produits (entre autres la *paraffine,* la *créosote,* liquide antiseptique employé pour la conservation des viandes, du poisson, et des bois par injection; on l'utilise aussi en médecine dans les affections des bronches et des poumons).

La couche supérieure est constituée par de l'eau, de l'acide acétique, de l'esprit de bois, avec une petite quantité d'autres produits. Par distillation, on sépare l'**alcool méthylique** qui passe dans les premiers produits, de l'acide acétique dont les vapeurs sont arrêtées dans une chaudière contenant de la chaux en suspension dans l'eau. Il se forme de l'acétate de calcium qui, avec le sulfate de sodium que contient aussi l'eau de la chaudière, produit du sulfate de calcium *insoluble*, et de l'*acétate de sodium* soluble. On décante la solution d'acétate de sodium, on la fait cristalliser, et on purifie les cristaux obtenus en les chauffant à 300°, pour décomposer les goudrons qu'ils contiennent. Puis l'acétate de sodium est décomposé par l'acide sulfurique, qui déplace l'acide acétique ; il suffit de chauffer le mélange pour que l'acide distille et se sépare ainsi du sulfate de sodium formé.

L'acide acétique brut, coloré en brun, et provenant de la distillation du bois, est désigné sous le nom d'**acide pyroligneux.**

ACIDE OXALIQUE

$$\begin{array}{c} COOH \\ | \\ COOH \end{array}$$

51. Propriétés physiques.

L'acide oxalique est un corps solide, blanc, d'une saveur aigre et piquante ; il cristallise avec 2 molécules d'eau. Il est peu soluble dans l'eau froide, mais très soluble dans l'eau bouillante. C'est un **poison violent** qui, à la dose de quelques grammes, agit comme paralysant ; on combat ses effets toxiques en absorbant un peu de lait de chaux, qui forme avec l'acide oxalique de l'oxalate de calcium insoluble.

52. Propriétés chimiques.

1° L'acide oxalique est un **corps 2 fois acide.** Avec les

bases des métaux univalents, il donne en effet deux sels : ainsi, en saturant une dissolution d'acide oxalique par de la potasse, on obtient de l'*oxalate neutre de potassium*. Si l'on ajoute à la dissolution une quantité d'acide égale à celle qui vient d'être employée, on obtient un autre sel, l'*oxalate acide de potassium*. Avec les métaux divalents, on obtient un seul sel ; c'est ainsi qu'il n'existe qu'un seul oxalate de calcium. Avec les alcools, l'acide oxalique donne des éthers-sels acides et des éthers-sels neutres.

La formule développée de l'acide oxalique représente bien qu'il est 2 fois acide, puisqu'on y trouve le groupement CO(OH) répété 2 fois. Et la formule de ses sels s'écrit en remplaçant (OH) par un métal ; ainsi l'oxalate acide de potassium a pour formule $\begin{matrix} COOK \\ | \\ COOH \end{matrix}$, l'oxalate neutre, $\begin{matrix} COOK \\ | \\ COOK \end{matrix}$; l'oxalate de calcium $(COO)^2Ca$, etc.

2° L'acide oxalique est un corps **réducteur**. Chauffé, il tend à prendre de l'oxygène aux corps oxydants en donnant du gaz carbonique et de l'eau. Cela tient à ce que la chaleur le décompose en *oxyde de carbone*, gaz carbonique et eau ; or, l'oxyde de carbone est réducteur.

$$\begin{matrix} COOH \\ | \\ COOH \end{matrix} = CO + CO^2 + H^2O,$$

et

$$CO + O = CO^2,$$

de sorte que l'on a finalement :

$$\begin{matrix} COOH \\ | \\ COOH \end{matrix} + O = 2CO^2 + H^2O.$$

L'acide oxalique réduit en effet le chlorure d'or en donnant un dépôt d'or métallique, il décolore le permanganate de potassium, etc.

Sa décomposition par la chaleur est appliquée dans les laboratoires pour la préparation de l'oxyde de carbone : on chauffe l'acide oxalique avec de l'acide sulfurique, qui absorbe l'eau à mesure qu'elle se forme et permet la décomposition complète de l'acide oxalique. Les oxalates sont, de même, décomposés par la chaleur en carbonates; c'est une des raisons pour lesquelles il existe des carbonates dans les cendres des végétaux.

53. Usages.

L'acide oxalique est employé en teinture, comme rongeant, c'est-à-dire pour enlever en certains points la couleur fixée sur les tissus. Sa dissolution dans l'eau est vendue dans le commerce sous le nom d'*eau de cuivre* et sert pour le nettoyage des objets en cuivre, parce qu'elle dissout l'oxyde qui se forme à leur surface. Enfin, on obtient l'encre bleue en dissolvant du bleu de Prusse dans une dissolution concentrée d'acide oxalique et en ajoutant un peu de gomme. Il existe un composé de l'acide oxalique employé quelquefois pour décaper les métaux, et pour enlever les taches d'encre et de rouille sur les étoffes : c'est le *sel d'oseille*, mélange d'oxalate acide et de quadroxalate de potassium (le quadroxalate de potassium est une combinaison d'oxalate acide et d'acide oxalique). Le sel d'oseille est aussi employé en teinture comme rongeant.

Les autres oxalates n'ont pas grande importance pratique. L'*oxalate de fer* est parfois employé en photographie comme révélateur. L'*oxalate d'ammonium* sert à reconnaître les sels de calcium, dans lesquels il donne un précipité **insoluble** d'oxalate de calcium (moyen de reconnaître la présence de sels calcaires dans une eau).

54. Préparation.

L'acide oxalique existe à l'état naturel dans un grand nombre de végétaux, le plus souvent sous forme d'oxalates.

L'oseille, l'oxalis renferment des oxalates de potassium ; les plantes marines, de l'oxalate de sodium ; certains lichens renferment de l'oxalate de calcium, etc.

Pendant longtemps, on a préparé l'acide oxalique à l'aide de ces végétaux et surtout de l'oseille. Actuellement, on le prépare en *oxydant de la cellulose par des alcalis, tels que la potasse et la soude :* en chauffant de la sciure de bois avec de la chaux sodée, à 200°, on obtient de l'oxalate de sodium. Ce corps, décomposé par un lait de chaux, se transforme en oxalate de calcium *insoluble* qui se dépose. Il suffit ensuite de le décomposer par l'acide sulfurique étendu pour obtenir de l'acide oxalique qui se dissout et du sulfate de calcium insoluble qu'on sépare par filtration.

55. Expériences. — Chauffer un peu d'acide acétique dans une capsule de porcelaine ; les vapeurs qui se dégagent peuvent être enflammées par le contact d'une allumette.

Montrer que l'acide acétique est un acide : il rougit le tournesol ; il décompose la craie (on peut, au lieu d'acide acétique, employer du vinaigre concentré). Il attaque le cuivre ; mouiller une lame de cuivre d'un peu de vinaigre ; elle se recouvre peu à peu d'un enduit vert, qui est de l'acétate de cuivre.

Montrer les acétates de cuivre, de fer, d'aluminium, l'eau blanche, etc.

CHAPITRE VI

GLYCÉRINE. — INDUSTRIE DES CORPS GRAS NEUTRES

PLAN

- **I. Corps gras**
  - **1° Caractères distinctifs**
    - Saveur fade. Moins denses que l'eau.
    - Solubles dans alcool, éther, benzine, essence.
    - S'oxydent à l'air : ils *rancissent*.
    - Sont décomposés par la chaleur.
  - **2° Principaux corps gras**
    - a) *Huiles* :
      - huiles **siccatives**. *Applications :* vernis, couleurs à l'huile, etc.
      - huiles **non siccatives**. *Applications :* alimentation, éclairage, savons, bougies.
    - b) *Corps gras solides :*
      - **suifs :** Bougies.
      - **graisse :** Alimentation. — Bougies. — Savons.
      - **beurre :** Emploi dans l'alimentation.
  - **3° Constitution des corps gras**
    - Espèces chimiques obtenues par l'analyse immédiate :
      - *oléine.*
      - *margarine* ou *palmitine.*
      - *stéarine.*
      - *butyrine* (dans le beurre seulement).
    - *Toutes ces espèces chimiques sont des éthers-sels neutres d'un alcool 3 fois alcool, la* **glycérine** *et d'***acides gras :** *acides oléique, margarique, stéarique, butyrique.* En effet, elles peuvent être saponifiées par l'eau ou par les bases en donnant de la glycérine et des acides gras ou des sels de ces acides (savons).
  - **4° Conséquence de la constitution des corps gras**
    - Peuvent servir à préparer :
      - 1° *Glycérine.*
      - 2° Acides gras (*bougies*).
      - 3° Sels des acides gras (*savons*).
- **II. Glycérine**
  - **1° Préparation**
    - Résidu de la fabrication des bougies et des savons.
  - **2° Propriétés**
    - Décomposition par la chaleur.
    - C'est un alcool 3 fois alcool. Principaux éthers-sels :
      - **corps gras.**
      - **nitro-glycérine.**
  - **3° Usages :** Nitroglycérine. Dynamite. Explosifs divers.

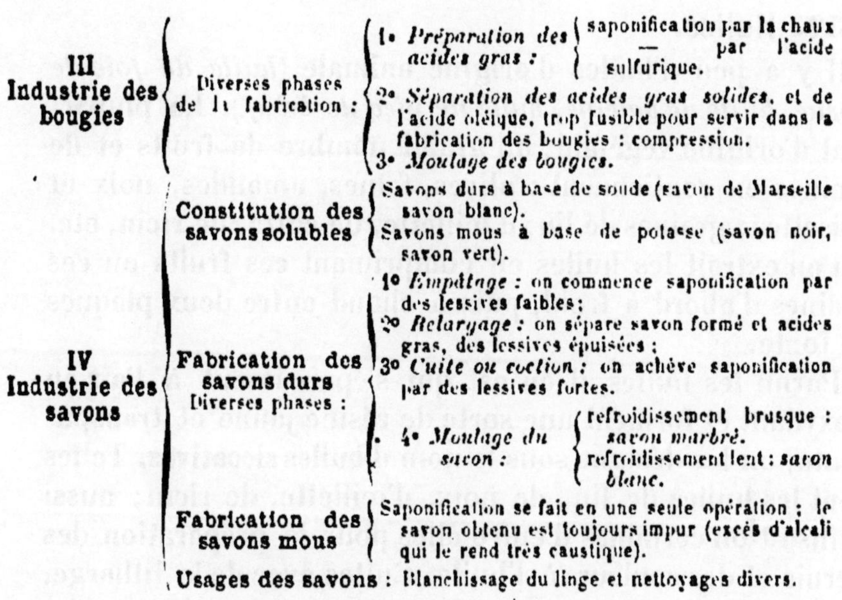

III Industrie des bougies	Diverses phases de la fabrication :	1° *Préparation des acides gras :* saponification par la chaux ; — par l'acide sulfurique.
		2° *Séparation des acides gras solides*, et de l'acide oléique, trop fusible pour servir dans la fabrication des bougies : compression.
		3° *Moulage des bougies*.
IV Industrie des savons	**Constitution des savons solubles**	Savons durs à base de soude (savon de Marseille savon blanc).
		Savons mous à base de potasse (savon noir, savon vert).
	Fabrication des savons durs Diverses phases :	1° *Empâtage :* on commence saponification par des lessives faibles ;
		2° *Relargage :* on sépare savon formé et acides gras, des lessives épuisées ;
		3° *Cuite ou coction :* on achève saponification par des lessives fortes.
		4° *Moulage du savon :* refroidissement brusque : *savon marbré*. refroidissement lent : *savon blanc*.
	Fabrication des savons mous	Saponification se fait en une seule opération ; le savon obtenu est toujours impur (excès d'alcali qui le rend très caustique).
	Usages des savons :	Blanchissage du linge et nettoyages divers.

CORPS GRAS NATURELS

56. On appelle **corps gras** des composés neutres, doux au toucher, de saveur fade ; ils font sur le papier une tache translucide qui ne disparaît pas quand on la chauffe. Ils sont tous moins denses que l'eau, solubles dans l'alcool, l'éther, la benzine, l'essence, le sulfure de carbone. Les corps gras s'oxydent plus ou moins rapidement à l'air ; on dit qu'ils **rancissent** ; ils ont alors un goût désagréable. Lorsqu'on les chauffe au delà de 300°, ils se décomposent en donnant différents produits parmi lesquels se trouve un liquide d'une odeur âcre et irritante, qu'on appelle *acroléine*. Si la décomposition se fait au contact de l'air et si la température est assez élevée, les corps gras s'enflamment ensuite et brûlent en donnant de la vapeur d'eau et du gaz carbonique.

Les corps gras sont très abondants dans le règne animal et dans le règne végétal. D'après leur consistance à la température ordinaire, on les divise en corps gras liquides : **huiles**, et en corps gras solides : **graisses, suifs** et **beurres**.

57. Huiles.

Il y a peu d'huiles d'origine animale (*huile de foie de morue, huile de baleine, huile de pied de bœuf*). La plupart sont d'origine végétale ; un grand nombre de fruits et de graines en contiennent : olives, faînes, amandes, noix et noisettes ; graines de lin, d'œillette, de colza, de ricin, etc. On en extrait les huiles en comprimant ces fruits ou ces graines d'abord à froid, puis à chaud entre deux plaques de fonte.

Parmi les huiles, il en est qui s'épaississent à l'air en s'oxydant et forment une sorte de résine jaune et transparente ; on les désigne sous le nom d'**huiles siccatives.** Telles sont les huiles de lin, de noix, d'œillette, de ricin ; aussi utilise-t-on certaines d'entre elles pour la préparation des vernis et des couleurs à l'huile. Cuites avec de la litharge, ces huiles s'oxydent et par suite se dessèchent plus rapidement qu'à l'air. C'est ce qui permet d'employer le mélange d'huile de lin et de litharge pour la fabrication des toiles cirées ; en y ajoutant du liège en poudre, on obtient le linoléum. — Les huiles d'œillette et de noix servent dans l'alimentation. L'huile de ricin est purgative. Citons aussi l'huile de croton, extraite des graines d'une euphorbiacée des régions tropicales ; elle est employée en médecine.

Les huiles **non siccatives,** tout en s'oxydant à l'air, restent liquides. Les principales sont : l'huile d'olive, les huiles de faîne, d'arachide, employées dans l'alimentation ; les huiles de colza, de navette qui servent pour l'éclairage ; l'huile d'amandes douces employée en médecine ; les huiles de palme, extraites des fruits de divers palmiers, et qui servent à fabriquer les savons et les bougies. Beaucoup d'autres corps gras servent d'ailleurs à cet usage.

58. Corps gras solides.

Les corps gras solides sont d'origine animale. Le **suif** est la graisse de bœuf ou de mouton ; on le sépare par fusion des membranes des cellules qui le renferment. En coulant du suif fondu dans des moules cylindriques dans l'axe desquels est tendue une mèche de coton, on obtient les *chandelles* qu'on employait autrefois pour l'éclairage. Comme elles brûlent en fumant et en répandant une odeur très désagréable, on les remplace maintenant par les *bougies* ; une grande partie du suif sert d'ailleurs à cette fabrication (§ 65).

La **graisse** de porc ou *axonge* est employée dans l'alimentation. On s'en sert aussi en pharmacie pour préparer certaines pommades.

Le **beurre de vache** est obtenu par le battage de la crème du lait. On l'emploie dans l'alimentation. Il rancit assez vite par la production d'acide butyrique ; aussi, lorsqu'on veut le conserver, on est obligé d'y ajouter du sel (*beurre salé*) ou de le fondre à une douce chaleur (*beurre fondu*). Le beurre est fréquemment fraudé par de la margarine obtenue par compression de la graisse de bœuf ; on y ajoute dans ce cas un peu de safran ou d'une autre matière colorante pour lui donner la couleur du beurre naturel.

Les corps gras sont employés comme aliments à cause de la grande quantité de chaleur qu'ils fournissent à l'organisme par leur combustion dans les cellules. Aussi sont-ils la base de l'alimentation dans les pays froids. Ils ont l'inconvénient d'être peu digestibles ; et l'estomac s'accommode mal en général d'une nourriture trop grasse.

59. Constitution des corps gras.

Les corps gras sont des mélanges en proportions variables de plusieurs espèces chimiques, qu'on peut séparer par l'analyse immédiate. L'huile d'olive, refroidie à 0°, se sépare en une partie liquide, l'**oléine**, et en une partie solide ayant l'aspect de perles blanches, la **margarine.** Si l'on comprime du suif à 25°, l'oléine se sépare des substances solides ; en dissolvant ceux-ci dans de l'éther bouillant, puis en laissant refroidir, on sépare le mélange en margarine soluble dans l'éther à basse température, et en une troisième substance, la **stéarine,** presque insoluble dans l'éther à froid ; la stéarine se présente sous la forme de paillettes micacées blanches.

Presque tous les corps gras renferment de même de l'oléine, de la margarine ou palmitine, et de la stéarine. Ces trois corps sont des espèces chimiques. Ils peuvent être décomposés par l'eau, à haute température, en glycérine qui est un **alcool,** et en **acides gras** : acides oléique, margarique ou palmitique, et stéarique. Ils peuvent de même être décomposés par la potasse ou la soude, en glycérine et en **sels** des acides gras. Ces décompositions ne sont donc pas autre chose que des **saponifications** ; et les corps gras sont donc des **éthers-sels** *de la glycérine et des acides oléique, margarique et stéarique.* — Le beurre renferme un quatrième espèce chimique, la **butyrine,** éther-sel de la glycérine et de l'acide butyrique.

Il résulte de ces décompositions que les corps gras peuvent servir, *par une simple saponification*, à préparer :

1° La **glycérine** (alcool contenu dans les corps gras) ;

2° Les **savons** (sels des acides gras) ;

3° Les **bougies** (mélange d'acides gras).

En dehors de leur emploi dans l'alimentation, ce sont là les usages les plus importants des corps gras.

GLYCÉRINE

$CH^2OH-CHOH-CH^2OH$

60. Préparation.

Toute la glycérine s'obtient industriellement comme *produit secondaire de la fabrication des bougies et des savons.* La glycérine obtenue est étendue d'eau ; on la décolore sur du noir animal, puis on la distille dans un courant de vapeur d'eau surchauffée et on la rectifie dans le vide.

61. Propriétés.

La glycérine est un liquide incolore, sirupeux, inodore, de saveur sucrée. Elle se solidifie vers 17°. Cependant elle demeure liquide même à des températures inférieures à 0°, et cette surfusion ne cesse que par l'introduction d'une parcelle de glycérine solide. Elle est soluble dans l'eau et dans l'alcool, et presque insoluble dans l'éther.

Action de la chaleur. — La glycérine bout vers 290°, en se décomposant partiellement; parmi les produits de la décomposition se trouve l'acroléine, que nous avons déjà vu se former lorsque les corps gras se décomposent par la chaleur. Pour éviter la décomposition de la glycérine, il faut la distiller dans le vide. Les vapeurs de glycérine peuvent être enflammées; elles brûlent en donnant de l'eau et du gaz carbonique.

La glycérine est un alcool. — La propriété essentielle de la glycérine est d'être un **alcool**. Elle peut, en effet, se combiner avec les acides en donnant des éthers-sels. De plus, avec chaque corps une fois acide, elle donne trois éthers-sels de composition différente, ce qui prouve qu'elle est 3 *fois alcool*. Enfin, on a pu montrer qu'elle est **2 fois alcool primaire** et **1 fois alcool secondaire**: en particulier, elle donne par oxydation, au contact de l'air et de la mousse de platine, de l'*aldéhyde glycérique* et *deux acides;* l'un de ces deux acides correspond à l'aldéhyde glycérique; l'autre correspond à un aldéhyde de la glycérine qu'on n'a jamais pu obtenir.

La formule développée de la glycérine:

$$CH^2OH-CHOH-CH^2OH,$$

représente bien toutes les propriétés précédentes. Ainsi, l'**expérience** nous apprend qu'avec l'acide chlorhydrique on peut avoir trois éthers de composition différente, formés avec élimination de 1, 2 ou 3 molécules d'eau: la *monochlorhydrine*, la *dichlorhydrine* et la *trichlorhydrine*. On constate de plus qu'il existe deux monochlorhydrines isomères, deux dichlorhydrines et seulement une trichlorhydrine. Or, cherchons d'autre part à trouver **théoriquement**, d'après la formule de la glycérine, les éthers-sels qu'on peut obtenir avec l'acide chlorhydrique :

Remplaçons une fois l'oxhydrile (**OH**) par du chlore. Nous le pouvons de deux façons, et nous obtenons deux corps, l'un de formule $CH^2Cl-CHOH-CH^2OH$ et l'autre de formule $CH^2OH-CHCl-CH^2OH$; il n'y a pas d'autre manière de faire ce remplacement. Donc, la théorie est d'accord avec l'expérience ; de plus, les deux monochlorhydrines sont deux fois alcool ; or c'est bien ce qu'indique leur formule développée.

De même, théoriquement, on ne peut trouver que deux dichlorhydrines d'après la formule développée de la glycérine ; l'une peut s'écrire $CH^2Cl-CHOH-CH^2Cl$ et l'autre $CH^2Cl-CHCl-CH^2OH$. Or, l'expérience nous apprend qu'il n'en existe, en effet, pas plus de deux, et qu'elles sont toutes deux une fois alcools.

Enfin, il n'y a qu'une manière d'écrire théoriquement la formule de la trichlorhydrine, et il n'existe, en effet, qu'un seul corps répondant à cette composition.

Ce qui est vrai pour l'acide chlorhydrique l'est aussi pour les autres corps une fois acides ; avec l'acide acétique, on obtient deux monoacétines, deux diacétines et une triacétine ; avec l'acide azotique, on obtient des éthers nitriques, etc.

Parmi les éthers-sels de la glycérine, les plus importants sont les **corps gras**, déjà étudiés, et la **nitro-glycérine**.

62. Nitro-glycérine.

La nitro-glycérine est un éther-sel de la glycérine et de l'acide azotique ; c'est la **trinitrine :**

$$CH^2OAzO^2-CHO.AzO^2-CH^2O.AzO^2.$$

On l'obtient industriellement en faisant un mélange en proportions déterminées de glycérine et d'acide sulfurique, et en le versant, lorsqu'il est refroidi, dans de l'acide azotique. La nitro-glycérine se dépose après quelques heures au fond du récipient.

C'est un liquide jaunâtre, huileux, plus lourd que l'eau. Elle est **fortement explosive**; c'est ainsi qu'elle détone violemment par le choc ou par l'élévation de température, ou même spontanément ; aussi est-elle très dangereuse à manier. Sa propriété explosive la fait employer pour la fabrication de la **dynamite** et de divers autres explosifs ; mais on y ajoute toujours une substance inerte qui rend son maniement moins dangereux. C'est ainsi que la dynamite est un mélange de nitro-glycérine et d'une poudre siliceuse très fine provenant des débris fossiles de petits infusoires ; elle détone par l'inflammation d'une capsule de fulminate de mercure ; mais le choc seul ne suffit pas à la faire détoner. On l'emploie dans l'exploitation des mines et des carrières, et en temps de guerre pour la destruction des ponts, des voies ferrées, etc.

63. Usages de la glycérine.

En dehors de son emploi dans la fabrication de la *nitro-glycérine* et de la dynamite, la glycérine est utilisée pour le pansement des plaies et des engelures. Comme elle est très hygroscopique, elle sert aussi à maintenir humides certains corps, comme l'argile à modeler, les cuirs non tannés, les préparations microscopiques, etc. ; c'est pour la même raison qu'on l'emploie dans la fabrication des encres grasses pour tampons et pour appareils enregistreurs.

BOUGIES

64. Fabrication.

Les bougies sont des mélanges d'acides gras solides à la température ordinaire. Leur fabrication comporte donc deux opérations distinctes :

1° *Préparation des acides gras*, qui se fait par la saponification des corps gras ;

2° *Séparation de l'acide oléique* (qui est liquide à la température ordinaire) *des acides solides*.

65. Préparation des acides gras.

La matière première employée est surtout le suif de bœuf, moins cher que celui du mouton ; on utilise aussi les huiles et les graisses de qualité inférieure, les résidus de dégraissage des tissus, etc. La saponification de ces graisses est faite, le plus souvent, par la *chaux*.

Saponification par la chaux. — L'opération se fait en vase clos, dans un autoclave A (*fig.* 12). On y introduit le suif avec de l'eau et une petite quantité de chaux (2 à 3 0/0 du poids du suif). Puis on chauffe le mélange en y faisant arriver de la vapeur d'eau surchauffée qui porte la température à 170° environ. Un agitateur mécanique brasse continuellement la masse. Au bout de huit heures, la saponification est terminée. On soutire la partie liquide, formée d'eau et de glycérine, tandis qu'il reste dans la cuve un mélange pâteux d'acides gras et de savons calcaires ; en y ajoutant de l'acide sulfurique, les savons se décomposent en sulfate de calcium insoluble, et en acides gras qui sur-

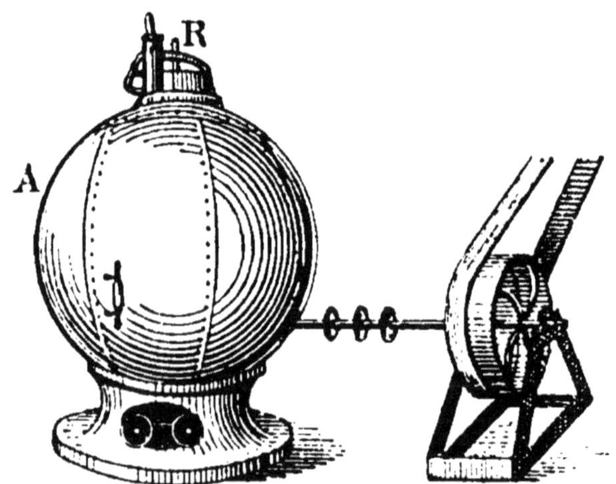

Fig. 12. — Autoclave pour la saponification calcaire.

nagent et qu'on peut soutirer. Ces acides sont lavés à l'eau bouillante, puis fondus et coulés en pains.

Remarque. — Il faut dans cette saponification une très petite proportion de chaux. On explique ce fait par l'action de l'eau à haute température sur les savons : la chaux saponifie le suif en donnant un savon calcaire ; puis l'eau surchauffée décompose ce savon en acides gras et en chaux qui peut saponifier une nouvelle quantité de suif, et ainsi de suite.

66. Séparation de l'acide oléique.

Le mélange d'acides gras doit être débarrassé de l'acide oléique qui rendrait les bougies trop fusibles. A cet effet, on comprime fortement les pains, au moyen d'une presse hydraulique ; la compression se fait dans des sacs de toile, d'abord à froid, puis à 40° environ. On recueille l'acide oléique qui s'écoule, et on l'utilise dans la fabrication des savons.

67. Moulage des bougies.

On coule les acides fondus dans des moules cylindriques de métal (*fig.* 13) dans l'axe desquels est tendue une mèche de coton tressé qui a été trempée dans une dissolution d'acide borique.

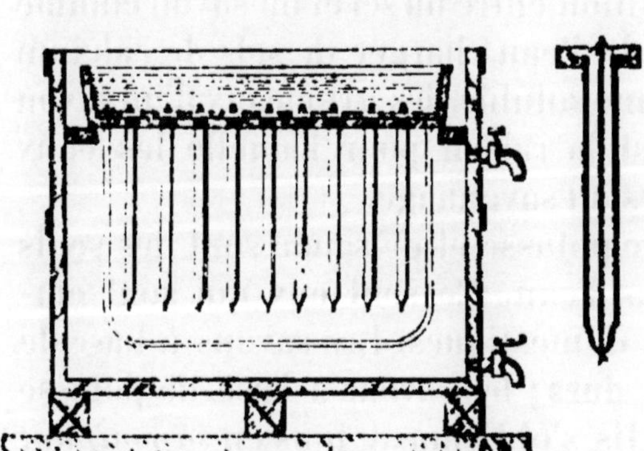

Fig. 13. — Moules pour la fabrication des bougies.

Grâce au tressage, la mèche se recourbe dans la flamme à mesure que la bougie se consume, et vient brûler à l'air au lieu de charbonner ; les cendres qu'elle forme donnent avec l'acide borique une perle fusible qui s'écoule à mesure qu'elle se produit et rend le mouchage inutile. Au sortir des moules, les bougies sont blanchies par une exposition à l'air, puis elles sont coupées à la longueur voulue, polies et empaquetées.

Les bonnes bougies doivent être d'un beau blanc ; elles ne doivent ni couler, ni répandre de mauvaise odeur en brûlant, ni faire des taches de graisse sur les étoffes. Elles donnent une lumière douce, qui ne fatigue pas la vue lorsque la flamme est entourée d'un verre qui l'empêche de vaciller. Mais ce mode d'éclairage est très coûteux.

SAVONS

68. Constitution des savons.

Lorsqu'on saponifie un corps gras par une base, la glycérine est mise en liberté, et il se forme un mélange d'oléates, de margarates et de stéarates qu'on désigne sous le nom de **savons.** Les savons sont donc de véritables sels ; d'ailleurs les acides peuvent les décomposer en mettant en liberté les acides gras ; c'est ainsi que nous avons pu, dans la fabrication des bougies (§ 65), isoler les acides gras du savon calcaire au moyen de l'acide sulfurique. Il peut y avoir double décomposition entre un sel et un savon comme entre deux sels ; ainsi de l'eau chargée de sels de calcium donne avec le savon blanc soluble des grumeaux d'un savon calcaire insoluble. C'est la raison pour laquelle les eaux calcaires sont impropres au savonnage.

Les savons à base de potasse et de soude sont les seuls qui soient solubles dans l'eau. Ce sont eux qui sont employés pour les usages domestiques. Les savons à base de soude sont les **savons durs** ; les savons à base de potasse sont les **savons mous.** Ils s'obtiennent tous en *saponifiant des corps gras.*

69. Fabrication des savons durs (savon de Marseille).

Les corps gras employés sont les huiles de palme, d'arachide, d'œillette, les huiles d'olive de qualité inférieure, les vieilles graisses, etc.

Pour saponifier, on emploie des *lessives de soude caustique* obtenues en décomposant par la chaux une dissolution de soude brute ou carbonate de sodium.

Les lessives étant préparées, on opère la saponification des corps gras; l'opération comporte plusieurs phases.

1° *Empâtage.* — L'empâtage a pour but de commencer la saponification par des lessives faibles; il se fait dans de grandes chaudières chauffées soit à feu nu, soit par un courant de vapeur. On y introduit des lessives faibles auxquelles on ajoute peu à peu le corps gras. On fait bouillir quatre à cinq heures; puis on ajoute de la lessive un peu plus concentrée, et l'on fait bouillir de nouveau. Le liquide s'épaissit peu à peu et se transforme en une masse bien homogène, formée par de la glycérine, de l'eau, des savons, et des acides gras non combinés à de la soude.

2° *Relargage.* — Pour saturer tous ces acides libres, il faut ajouter de nouvelles quantités de soude; mais auparavant, il faut enlever les lessives épuisées mélangées au savon; c'est ce qu'on fait par le *relargage*. On utilise la propriété qu'a le savon d'être insoluble dans l'eau salée; en ajoutant au mélange une lessive concentrée, additionnée de sel marin, le savon vient surnager avec les acides gras sous forme de grumeaux, tandis que la lessive occupe la partie inférieure de la chaudière et peut être soutirée.

3° *Cuite ou coction.* — Pour achever la saturation des acides par la soude, on fait bouillir le produit qui est resté dans la chaudière avec des lessives concentrées et salées. En renouvelant plusieurs fois ces lessives, on finit par saturer complètement les acides gras. Le savon brut est rassemblé à la surface du liquide en une masse bleu foncé, colorée par des savons à base de fer et d'alumine qui proviennent des impuretés de la soude ; il suffit de soutirer le liquide pour isoler ce savon.

Pour obtenir du **savon blanc** avec ce savon brut, on le délaye dans une lessive de soude chaude et très faible, qu'on laisse ensuite refroidir *lentement*. Le savon de fer et d'alumine étant insoluble se dépose, et la pâte blanche qui surnage est coulée dans des moules. Ce savon retient une forte proportion d'eau (**45** à **50 0/0**). Si l'on délaye le savon brut dans une petite quantité de lessive et qu'on refroidisse *brusquement*, les savons de fer et d'alumine ne peuvent se séparer du savon de soude, et l'on obtient alors le **savon marbré,** ainsi appelé à cause des veines bleuâtres irrégulières ou marbrures qui existent dans la masse. Ces savons de fer et d'alumine, étant insolubles, n'ont aucune utilité dans le savonnage; mais, d'autre part, le savon marbré ne renferme guère que 20 à 25 0/0 d'eau, de sorte qu'en définitive il est aussi avantageux que le savon blanc; on le préfère même souvent à celui-ci.

Les **savons de toilette** s'obtiennent avec des corps gras de première qualité; ils sont colorés par des couleurs d'aniline, et parfumés avec des essences diverses. On obtient le *savon transparent*, dit savon à la glycérine, en dissolvant le savon blanc dans de l'alcool chaud et en laissant refroidir lentement la dissolution dans des moules où elle se solidifie; la transparence n'apparaît qu'après plusieurs semaines.

70. Fabrication des savons mous.

Les savons mous, appelés encore *savons noirs* ou *savons verts*, sont toujours à base de potasse. Les corps gras employés dans leur fabrication sont les huiles de colza, de chènevis, d'œillette et l'acide oléique provenant de la fabrication des bougies. Ces savons sont colorés artificiellement, soit par du tanin (savons noirs), soit par du sulfate d'indigo (savons verts). Leur fabrication est très simple : on fait bouillir les huiles ou l'acide oléique avec des lessives de potasse caustique ; puis, quand la saponification est achevée, on évapore le mélange jusqu'à consistance pâteuse et on le coule dans des tonneaux. On ne prend pas autant de soin que pour la préparation des savons durs, parce que les savons mous, étant donné leurs usages, peuvent sans inconvénient renfermer un excès d'alcali et diverses impuretés provenant des matières premières.

71. Usages des savons.

Les savons sont très employés pour le blanchissage et pour les nettoyages ; le savon blanc et le savon marbré servent pour le blanchissage du linge, des étoffes de coton et parfois des étoffes de laine ; le savon blanc sert, de plus, pour les soins de toilette. Les savons mous servent au blanchissage des tissus grossiers, au dégraissage de la laine, au nettoyage des parquets, etc. Ils ne pourraient servir à blanchir le linge fin, car, à cause de l'excès d'alcali qu'ils contiennent, ils sont très caustiques. On pense que les savons agissent, dans le blanchissage et dans les nettoyages, à la manière des alcalis faibles, c'est-à-dire en *saponifiant* les corps gras avec lesquels ils sont en contact ; il se forme de la glycérine et des sels solubles qui sont enlevés par l'eau, de sorte que les taches de graisse disparaissent.

Lessivage du linge. — Le lessivage a pour but de saponifier les corps gras qui salissent le linge, et par suite de les dissoudre, puisque les produits résultant de la saponification sont solubles dans l'eau. On emploie pour cette saponification : le *savon*, le *carbonate de sodium* et quelquefois les *cendres*. Pour avoir une saponification complète, il faut que la dissolution alcaline obtenue à l'aide de l'un de ces corps, passe un grand nombre de fois sur le linge. On arrive à ce résultat par divers procédés, dont le plus employé dans les familles, est le suivant : On se sert d'une **lessiveuse**, appareil formé d'une cuve de tôle galvanisée en forme de tronc de cône (*fig.* 14). A l'intérieur de cette cuve, on peut placer un tuyau AB terminé à la partie supérieure par une sorte de pomme d'arrosoir et à la partie inférieure par un disque percé de trous qui partage la cuve en deux compartiments inégaux, C et D. On emplit le compartiment inférieur D, de la dissolution alcaline, faite généralement avec du carbonate de sodium et du savon. Puis le linge est placé dans le compartiment C, sur le disque B, dans l'ordre suivant : 1° linge grossier ; 2° linge fin ; 3° nouvelle couche de linge grossier. De cette façon le linge le plus fin est le mieux protégé. La lessiveuse est alors fermée par un couvercle, puis on la chauffe.

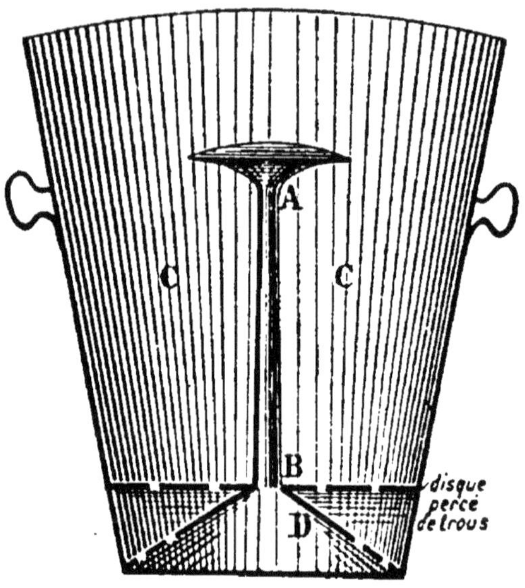

FIG. 14. — Coupe d'une lessiveuse.

L'eau, à mesure qu'elle s'échauffe, se dilate et monte dans le tuyau AB ; elle est d'ailleurs poussée de plus en plus par la vapeur qui se forme, et, lorsqu'elle est arrivée en haut du tube, elle retombe en pluie sur le linge, qu'elle traverse peu à peu pour revenir, en passant par les trous du disque B, dans le compartiment inférieur de la lessiveuse. Là elle est de nouveau échauffée, elle recommence à s'élever dans le tube, et ainsi de suite. Grâce à cette circulation fréquemment répétée de la lessive, le linge se trouve parfaitement dégraissé, et il ne reste guère qu'à le rincer.

On voit que ce procédé de lessivage est très pratique, puisqu'il supprime à peu près complètement la main-d'œuvre. Aussi remplace-t-il de plus en plus le lessivage aux cendres, dans lequel les lessives sont chauffées dans une chaudière indépendante du cuvier où se trouve le linge, et doivent être transportées *à la main* de la chaudière dans le cuvier; la fatigue est donc beaucoup plus grande qu'avec la lessiveuse, et, de plus, le coulage dure dix ou douze heures, au lieu de cinq ou six. Aussi n'emploie-t-on plus guère ce procédé que dans les campagnes.

72. Expériences. — *Corps gras.* — Écraser une noisette ou une noix sur du papier, après l'avoir chauffée sur un poêle; elle laisse une tache translucide qui ne disparaît pas par la chaleur; elle renfermait donc un corps gras, car la même chose se produit lorsqu'on répand une goutte d'huile sur du papier. Jeter un peu de graisse dans le poêle allumé ; on sent l'odeur d'acroléine.

Enlever une tache de graisse faite sur une étoffe, au moyen de la benzine, de l'essence, de l'alcool : les corps gras sont solubles dans tous ces corps.

Glycérine. — Montrer que la glycérine est soluble dans l'eau.

Bougies et savons. — Enlever une tache de bougie au moyen d'un fer chaud; la bougie est donc formée de principes facilement fusibles.

Verser un peu d'huile dans de l'eau de savon ; elle se dissout. Donc le savon est un corps dégraissant.

Montrer que le savon est insoluble dans une eau chargée de sels de calcium (moyen de reconnaitre la présence de ces sels dans l'eau).

On pourra fabriquer un savon : chauffer de l'huile avec une dissolution de soude, en faisant bouillir le mélange pendant une heure et demie ou deux heures avant la leçon et en ayant soin de remplacer l'eau qui s'évapore afin de maintenir à peu près constant le volume du mélange. La saponification est terminée quand une goutte du liquide se dissout complètement dans l'eau. On ajoute alors du sel marin, le savon se dépose et, quand il est froid, on le sépare. Puis on le fond à nouveau et on le verse dans un moule en papier où il se solidifie.

CHAPITRE VII

GLUCOSES. — SACCHAROSES

PLAN

- **I Sucres**
  - **Propriétés générales**
    - Saveur sucrée.
    - Fonction chimique : sont aldéhydes et alcools ; ou cétones et alcools (glucose) ; ou formés de 2 molécules de glucose moins 1 molécule d'eau.
    - Composition : carbone, hydrogène et oxygène.
  - **Classification**
    - 1° *Glucoses* (sont alcools et aldéhydes ou alcools et cétones) : *Glucose* proprement dit. *Lévulose* ou sucre de fruits.
    - 2° *Saccharoses* (sont formés par 2 molécules de glucose, moins 1 molécule d'eau) : *saccharose* ou sucre ordinaire. *lactose* ou sucre de lait.
  - **Caractères des glucoses** ($C^6H^{12}O^6$)
    - Peuvent être éthérifiés : ce sont des *alcools*.
    - Sont *réducteurs* : Réduisent l'azotate d'argent. Réduisent la liqueur de Fehling, etc.
    - Fermentent *directement* en donnant alcool et gaz carbonique.
  - **Caractères des saccharoses** ($C^{12}H^{22}O^{11}$)
    - Ne sont ni aldéhydes, ni cétones, et ne réduisent pas la liqueur de Fehling.
    - Ne fermentent pas directement, mais doivent être au préalable *intervertis*, c'est-à-dire transformés par hydratation en un mélange de 2 glucoses.
- **II Glucoses**
  - **1° Glucose proprement dit**
    - **Préparation** : On hydrate la fécule sous l'action de l'acide sulfurique étendu : $C^6H^{10}O^5 + H^2O = C^6H^{12}O^6$.
    - **Propriétés**
      - C'est un alcool et un aldéhyde.
      - Il fermente directement.
      - Il brunit par la potasse à l'ébullition.
    - **Usages.**
- **III Saccharoses**
  - **1° Sucre de canne ou sucre ordinaire**
    - **Propriétés**
      - Action de la chaleur : sucre d'orge. caramel. charbon.
      - Interversion du sucre : par les acides étendus et bouillants. par les diastases (invertine de la levure de bière).

III Saccharoses (*suite*) — 1° Sucre de canne ou sucre ordinaire — Préparation:
- *Extraction* du sucre: de la betterave, de la canne à sucre — diffusion, carbonatation, concentration et cristallisation.
- *Raffinage* du sucre.

73. Sucres.

On désigne sous le nom de **sucres** divers composés caractérisés par leur saveur douce et par leurs fonctions chimiques multiples ; c'est ainsi que le *glucose* est à la fois alcool et aldéhyde ; le *lévulose* ou sucre de fruits est à la fois alcool et cétone ; d'autres sucres, tels que le sucre de canne ou de betterave, le sucre de lait, sont formés par la combinaison de **2** molécules de glucose et de lévulose, avec élimination d'une molécule d'eau.

On réunit les sucres qui sont alcools-aldéhydes et ceux qui sont alcools-cétones dans un même groupe, celui des **glucoses.** Les autres forment le groupe des **saccharoses.** Les plus importants de ces sucres renferment dans leur molécule **6** atomes de carbone ou un multiple de **6**, associés à **2** fois plus d'hydrogène que d'oxygène ; c'est ce qui leur fait donner quelquefois le nom, d'ailleurs impropre, d'**hydrates de carbone** (combinaison de carbone et d'eau).

74. Propriétés distinctives des glucoses et des saccharoses.

1° *Glucoses.* — Les corps désignés sous le nom de **glucoses** ont pour formule générale $C^6H^{12}O^6$. Ce sont tous des corps **5** *fois alcool* et **1** *fois aldéhyde ou cétone ;* comme alcools, ils peuvent être éthérifiés ; comme aldéhydes, ils sont réducteurs. En particulier, ils réduisent la *liqueur de Fehling*, ou liqueur cupro-potassique, en donnant un précipité rouge orangé d'oxyde cuivreux. L'expérience se fait en ajoutant un peu de glucose à la liqueur portée à l'ébullition.

Enfin, les glucoses sont caractérisés par ce fait qu'ils peuvent *subir directement la fermentation alcoolique*, qui donne lieu à la production d'alcool éthylique et d'anhydride carbonique.

Il semble que ce soit la réaction suivante qui se produise :

$$\underset{\text{glucose}}{C^6H^{12}O^6} = \underset{\text{gaz carbonique}}{2CO^2} + \underset{\text{alcool éthylique}}{2(C^2H^5OH)}.$$

2° *Saccharoses.* — Les **saccharoses** ont pour formule générale $C^{12}H^{22}O^{11}$. Ils ne sont ni aldéhydes, ni cétones, et n'ont aucune action sur la liqueur de Fehling. Ils *ne fermentent pas directement ;* mais ils se transforment d'abord en **sucre interverti**, mélange de deux glucoses, par fixation d'une molécule d'eau; et ce sont ces glucoses qui fermentent :

$$\underset{\substack{\text{saccharose}\\\text{proprement dit}}}{C^{12}H^{22}O^{11}} + \underset{\text{eau}}{H^2O} = \underset{\text{glucose}}{C^6H^{12}O^6} + \underset{\text{lévulose}}{C^6H^{12}O^6}.$$

GLUCOSES

Glucose proprement dit ou sucre de raisin

Formule : $C^6H^{12}O^6$. — Masse moléculaire : 180.

75. État naturel. — Préparation.

Le glucose est une matière sucrée qui existe dans un grand nombre de végétaux ; il est associé au sucre de fruits ou fructose, dans les raisins, les prunes, les figues, à la surface desquels il forme des efflorescences blanches quand ces fruits sont desséchés. Il existe aussi dans le miel.

Tout le glucose vendu dans le commerce se fabrique industriellement par l'action de l'acide sulfurique étendu sur la *fécule* $C^6H^{10}O^5$; il y a hydratation de ce corps et transformation en glucose :

$$C^6H^{10}O^5 + H^2O = C^6H^{12}O^6.$$

Dans un grand cuvier en bois, on introduit de l'eau additionnée d'une faible proportion d'acide sulfurique. Le liquide est chauffé par des jets de vapeur à haute pression qui viennent s'y condenser. Lorsqu'il bout, on y ajoute peu à peu la fécule délayée dans de l'eau tiède, et l'opération est terminée en moins de trois quarts d'heure. On reconnaît qu'il en est ainsi à ce que le liquide froid ne se colore plus en violet par l'iode (ce qui prouve qu'il n'y a plus de fécule) et à ce qu'il ne précipite plus par l'alcool concentré. On arrête alors l'arrivée de la vapeur, et on sature l'acide sulfurique par de la craie ; du sulfate de calcium se dépose. On décante la liqueur, on la décolore sur du noir animal, et on la fait évaporer jusqu'à ce qu'elle marque 27 à 30° Baumé. On obtient ainsi le *sirop de glucose* ou *sirop de fécule*, qui sert dans la fabrication des bières, des pains d'épices, des sirops. Abandonné à lui-même dans des tonneaux, il laisse déposer, quand il a été suffisamment concentré, des petits cristaux de *glucose granulé*, plus purs que le sirop.

Enfin, lorsqu'on évapore la liqueur jusqu'à ce qu'elle marque 40 à 41° Baumé, elle se solidifie par le refroidissement en une masse amorphe, constituant le *glucose en masse*.

76. Propriétés.

Le glucose se trouve dans le commerce à l'état de sirop, ou de masses amorphes, ou de cristaux agglomérés, de formule $C^6H^{12}O^6 + H^2O$. Il est d'un blanc jaunâtre, inodore, d'une saveur sucrée beaucoup moins prononcée que celle du sucre de canne ou de betterave; il sucre, en effet, deux fois et demie moins. Il est soluble dans l'eau et dans l'alcool étendu, mais presque insoluble dans l'alcool concentré.

1° *Action de la chaleur.* — Chauffé, le glucose se ramollit vers 60°, puis il fond et perd son eau de cristallisation à 100°. Chauffé davantage, il se décompose et se transforme en caramel et en eau, puis en charbon et en eau;

2° *C'est un alcool.* — Le glucose peut donner avec les acides, surtout les acides organiques, des éthers-sels qu'on appelle *glucosides*; quelques-uns d'entre eux existent à l'état naturel dans les végétaux. Il existe des éthers du glucose qui sont **5** fois éther, par exemple l'*éther pentanitrique* obtenu avec l'acide azotique fumant. C'est donc un alcool **5** fois alcool. L'acide azotique ordinaire et bouillant n'éthérifie pas le glucose, mais l'oxyde et le transforme en *acide oxalique ;*

3° *C'est un aldéhyde.* — Le glucose est un aldéhyde, car on peut l'hydrogéner et obtenir un alcool **6** fois alcool, la *sorbite.* De plus, comme les aldéhydes, il est réducteur ; son action réductrice sur la liqueur de Fehling permet de reconnaître la présence du glucose dans une substance et de le doser. Il réduit les sels de mercure, d'argent, d'or, à l'ébullition, et surtout en présence des alcalis ;

4° *Le glucose fermente directement*, sous l'action de la levure de bière (§ 108), et se transforme en alcool et en gaz carbonique. C'est ce qui permet d'employer parfois le glucose dans la fabrication de la bière et des liqueurs.

5° *Action des bases.* — Les alcalis concentrés brunissent le glucose en le décomposant. On utilise cette propriété pour reconnaître la présence du glucose dans la cassonade ou dans d'autres produits sucrés : on chauffe quelques grammes de cette substance avec une dissolution concentrée de potasse ou de soude. Si la liqueur brunit, c'est que la substance donnée contient du glucose.

77. Usages.

Le glucose est très employé dans la fabrication de la bière, des liqueurs, du pain d'épices, des fruits confits, etc. : il sert aussi à renforcer le titre alcoolique des vins faits avec des raisins insuffisamment sucrés. Enfin, on s'en sert pour falsifier le miel et les cassonades, falsification qu'il est facile de déceler par la liqueur de Fehling ou la potasse, qui n'ont aucune action sur la cassonade et le miel purs. C'est aussi par la *liqueur de Fehling* qu'on reconnaît le glucose contenu dans l'urine des malades atteints de diabète.

SACCHAROSES

Saccharose proprement dit ou sucre de canne ou sucre ordinaire

Formule : $C^{12}H^{22}O^{11}$. — Masse moléculaire : 342.

78. État naturel.

Le sucre de canne, ou sucre ordinaire, est très répandu dans le règne végétal ; on le trouve dans la canne à sucre, la betterave, et en moins grande quantité dans la carotte, le navet, dans les melons, les citrouilles, les abricots, les pêches, les prunes, dans le maïs, le sorgho, etc.

C'est principalement de la canne et de la betterave qu'on l'extrait.

79. Propriétés physiques.

Le sucre ordinaire est un corps solide, blanc, cristallisé en prismes qui répandent des lueurs dans l'obscurité quand on les brise ou qu'on les frotte contre un corps dur (sucre candi). Il est soluble dans l'eau froide, et surtout dans l'eau bouillante et presque insoluble dans l'alcool concentré. La dissolution de sucre dans l'eau, concentrée jusqu'à 40° Baumé, et évaporée lentement dans une étuve à 30°, laisse déposer de gros cristaux très durs de **sucre candi.**

Chauffé à 160°, le sucre fond, donne un liquide épais, transparent, qui se prend par le refroidissement en une masse amorphe, vitreuse, qu'on appelle **sucre d'orge.** Le sucre d'orge perd peu à peu sa transparence en repassant à l'état de sucre cristallisé.

80. Propriétés chimiques.

Si l'on chauffe le sucre au-dessus de sa température de fusion, il se décompose en eau et en un corps brun, le **caramel** ; à une température plus élevée, il se décompose complètement, en donnant divers produits volatils, et en laissant comme résidu un charbon poreux, très léger, formé presque exclusivement de carbone (charbon de sucre).

Transformation en sucre interverti. — 1° Les **acides minéraux étendus** transforment le sucre ordinaire en un mélange de glucose et de lévulose désigné sous le nom de **sucre interverti** :

$$C^{12}H^{22}O^{11} + H^2O = C^6H^{12}O^6 + C^6H^{12}O^6.$$

La transformation se fait lentement à froid, mais elle est très rapide à 100°.

2° L'interversion du sucre peut se faire aussi sous l'influence d'une **diastase ou ferment soluble,** qu'on appelle l'*invertine*. C'est ainsi que le suc intestinal, grâce à cette diastase, transforme le sucre ordinaire en glucose et en lévulose assimilables. De même, la levure de bière fait fermenter le sucre ordinaire, parce qu'elle le transforme d'abord, — par l'invertine qu'elle sécrète, — en sucre interverti qui peut fermenter directement. L'action de la levure de bière sur le sucre ordinaire est donc double : elle produit l'*interversion du sucre*, puis la *fermentation alcoolique du sucre interverti*.

Action des bases. — Le sucre se combine aux bases c'est ainsi qu'en versant une dissolution de sucre dans un lait de chaux, on obtient un composé appelé *sucrate*, quoique ce ne soit pas un sel, sucrate de calcium. Ces sucrates peuvent être décomposés par un acide tel que le gaz carbonique, qui précipite la chaux et met en liberté le sucre.

Une dissolution de sucre ne brunit pas au contact de la potasse. De même, le sucre de canne ne réduit pas la liqueur de Fehling, à moins qu'une ébullition prolongée ne fait interverti. Aussi, dans les expériences faites avec le saccharose et avec la liqueur de Fehling ou la potasse, il faut éviter de faire bouillir longtemps le mélange pour que l'interversion du sucre ne se produise pas.

81. Fabrication du sucre.

La fabrication du sucre comporte deux groupes d'opérations distinctes :

1° Extraction des jus sucrés de la betterave ou de la canne à sucre ;

2° Raffinage de ces jus sucrés.

82. Extraction des jus sucrés de la betterave.

Une grande partie du sucre consommé en France est extraite de la betterave, cultivée en grand pour cet usage dans le Nord, le Pas-de-Calais, la Somme, l'Aisne, etc. La variété la plus estimée est la betterave de Silésie, qui renferme de **12 à 16 0/0** de son poids de sucre.

83. ***Diffusion.***

Les betteraves, bien lavées, sont coupées en minces lanières appelées *cossettes*, dont on extrait le jus sucré par diffusion. Le principe de ce procédé est le suivant : si on laisse séjourner les cossettes dans de l'eau chaude, le liquide sucré et les sels solubles traversent les parois des cellules et se dissolvent dans l'eau ; tandis que les matières albuminoïdes et les gommes, ne traversent pas sensiblement les membranes et restent presque en totalité dans les cellules. Comme, d'autre part, le jus sucré passe dans l'eau plus rapidement que les sels, le liquide obtenu est moins impur que celui qui se trouvait dans les cellules. Le résidu ou pulpe sert d'aliment aux bestiaux.

84. ***Carbonatation.*** — Le jus sucré obtenu est verdâtre, et il contient un grand nombre d'impuretés telles que de l'albumine, des sels, des matières colorantes, etc., qui le rendent très altérable et qui l'empêcheraient de cristalliser. Il faut donc le purifier. Pour cela, on ajoute de la *chaux* dans le jus qu'on chauffe à la vapeur, puis on y fait passer un courant de *gaz carbonique* (*fig.* 15). La chaux se combine à une partie des impuretés en donnant des produits insolubles, et le sucrate de calcium qui se produit est décomposé par le gaz carbonique qui met le sucre en liberté. Si on laisse reposer le mélange, toutes les matières insolubles se déposent au fond de la chaudière et, par décantation, on obtient le jus sucré. Cette opération se fait généralement deux fois. Puis le jus obtenu est décoloré par du noir animal ou filtré à travers des sacs de toile, et il ne reste plus qu'à le concentrer.

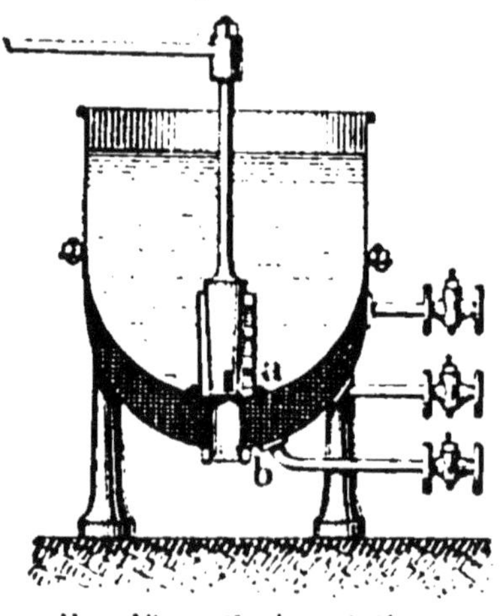

FIG. 15. — Carbonatation du jus sucré.

La vapeur arrive dans le double fond *ab*, et échauffe le liquide de la chaudière.

85. *Concentration et cristallisation.* — La concentration du sirop ne peut se faire à une température élevée, car le sucre s'intervertirait sous l'action de la chaleur. Pour obtenir une évaporation rapide avec une température assez basse, *on fait le vide dans les chaudières d'évaporation;* ainsi le liquide peut bouillir à une température inférieure à 100°, et il ne s'altère pas.

Les appareils de concentration les plus employés sont les **appareils à triple effet** (*fig.* 16). Imaginons trois chaudières **A, B, C,** dont la partie supérieure communique avec la partie inférieure par des tubes verticaux qui renferment le liquide sucré. Autour de ces tubes circule de la vapeur d'eau qui les échauffe. Le sirop est d'abord amené dans les tubes de la chaudière **A,** tandis qu'on fait arriver de la vapeur dans l'espace intertubulaire; la pression dans la chaudière n'étant que d'environ 650 millimètres, le sirop bout à 96°, et il émet des vapeurs qui passent dans la chaudière B, autour des tubes qui s'échauffent à leur tour. Sur le passage des vapeurs se trouve un manchon D destiné à condenser les gouttelettes de sirop entraînées. La seconde chaudière renferme du sirop plus concentré que celui de la première, et par suite plus altérable. Ce sirop bout à son tour, à 82° environ, car la pression dans B n'est que 380 millimètres, et les vapeurs qu'il forme vont chauffer le jus sucré de la

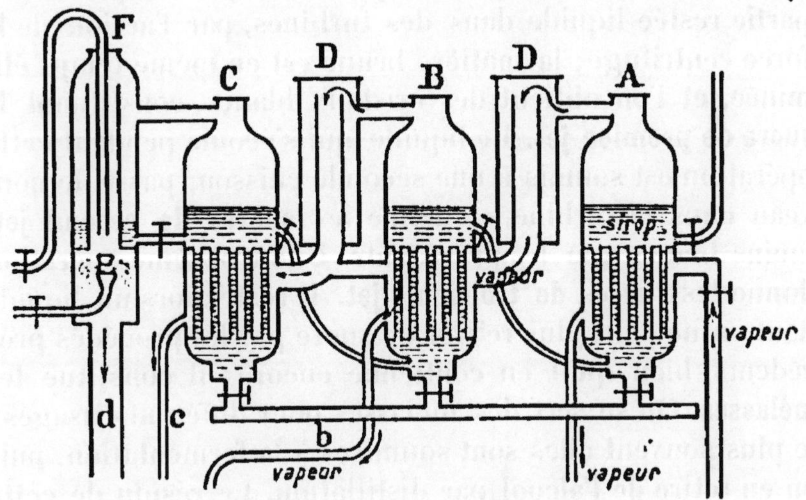

Fig. 16. — Appareil à triple effet.

chaudière C où la pression n'est que 110 millimètres. Ce jus très altérable bout à 54°, et sa vapeur est condensée en F par de l'eau froide. C'est précisément cette condensation qui produit le vide dans la chaudière C. De même, par les tubes *b* et c, par où sort la vapeur qui a chauffé les chaudières B et C, on fait le vide partiel dans les chaudières d'évaporation A et B. Enfin la seconde chaudière est alimentée par le sirop provenant de la première, et la troisième par le sirop provenant de la seconde; de cette façon la concentration du jus sucré s'opère rapidement, et perm t d'obtenir dans la troisième chaudière du sirop marquant 25° Baumé.

Actuellement, on emploie beaucoup d'appareils à quadruple et à quintuple effet.

Au sortir de ces appareils, le jus sucré est cuit dans des chaudières où l'on raréfie l'air, ce qui achève la concentration ; puis on le fait couler dans de grandes cuves où il est abandonné au refroidissement. Le sucre se dépose en petits grains ou cristaux colorés en jaune, et qu'on sépare de la partie restée liquide dans des turbines, par l'action de la force centrifuge; la matière brune est en même temps éliminée, et l'on obtient des cristaux blancs, constituant le **sucre de premier jet.** Le liquide qui s'écoule pendant cette opération est soumis à une seconde cuisson, passe de nouveau dans la turbine, et donne les **sucres de second jet,** moins blancs que les précédents. Une troisième opération donne les sucres **de troisième jet.** Il reste alors un liquide dont on ne peut plus retirer de sucre par les procédés précédents, bien qu'il en contienne encore; il constitue les **mélasses.** On se sert des mélasses pour différents usages ; le plus souvent elles sont soumises à la fermentation, puis on en retire de l'alcool par distillation. Le résidu de cette distillation (vinasse) est employé pour l'extraction des sels de potassium et pour la fabrication du chlorure de méthyle.

86. Extraction du jus sucré de la canne.

Les tiges de canne à sucre sont écrasées entre de gros cylindres métalliques tournant en sens inverse (*fig.* 17); on sépare ainsi le jus sucré ou *vesou* de la partie ligneuse ou *bagasse* (cette dernière est employée comme combustible). Le jus sucré subit ensuite un traitement à peu près analogue à celui dont nous venons de parler. Les mélasses obtenues dans cette fabrication servent à fabriquer par fermentation et distillation le **rhum** et le **tafia.**

87. Raffinage du sucre.

Le sucre brut, même celui de premier jet, doit être raffiné avant d'être livré à la consommation. On le dissout dans une petite quantité d'eau chaude; on y ajoute du noir ani-

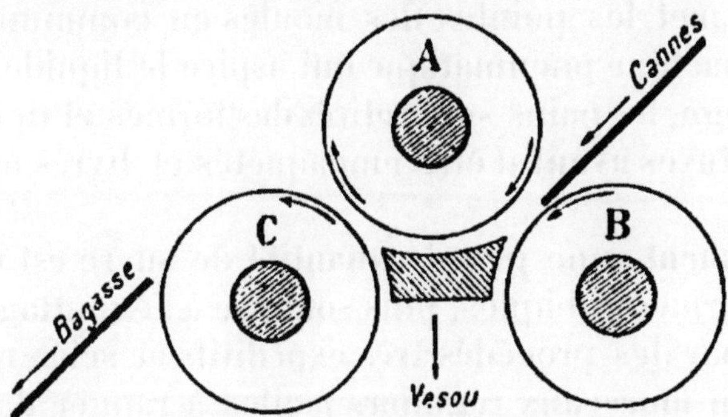

Fig. 17. — Schéma d'un moulin à cannes à sucre.

mal en poudre et du sang de bœuf, puis on porte le tout à l'ébullition. Le noir animal décolore le sucre; le sang, en se coagulant, emprisonne les matières en suspension, et les entraine à la surface où on peut les enlever facilement. Le liquide est ensuite filtré à travers des sacs de coton pelucheux (*filtres Taylor*), envoyé sur du noir animal qui achève l'épuration, puis soumis à une nouvelle concentration dans le vide à 70° environ. Comme cette température n'est pas la plus favorable à la cristallisation, on réchauffe le sirop dans une chaudière où la température est 80°, avant de le verser dans les moules où il cristallise. Pour avoir le **sucre en pains**, on emploie des moules de forme conique (*fig.* 18) dont la pointe, placée en bas, est munie d'une ouverture fermée par un tampon.

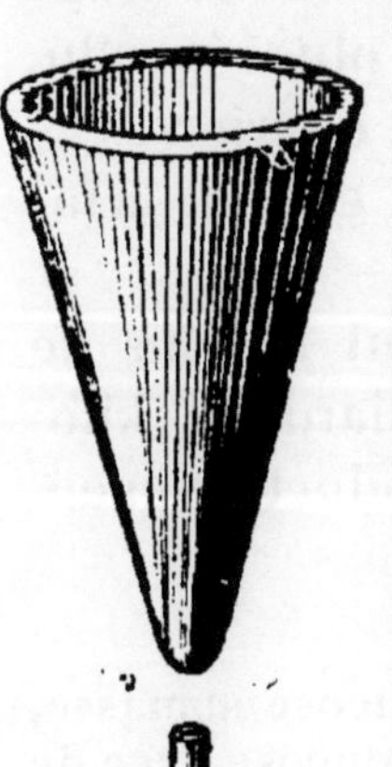

Fig. 18. — Forme à pains de sucre.

Quelques heures après le remplissage, la cristallisation est faite en partie. On procède alors au **clairçage**, qui consiste à verser sur la partie supérieure du pain une solution de sucre saturée qui ne peut plus dissoudre de sucre, mais enlève les matières colorantes et s'écoule ensuite par l'ouverture inférieure débouchée. Enfin, pour chasser les dernières traces de sirop non cristallisé, on met les pointes des moules en communication avec une machine pneumatique qui aspire le liquide. Après cet égouttage, les pains sont retirés des formes et desséchés dans des étuves avant d'être empaquetés et livrés au commerce.

Actuellement, une grande quantité de sucre est moulée dans des formes cubiques, puis soumise à l'égouttage et au clairçage par des procédés très expéditifs et sciée mécaniquement en morceaux réguliers faciles à ranger dans des boîtes.

88. Usages.

Le sucre est surtout employé dans l'alimentation. Il constitue un aliment excellent qui fournit beaucoup de chaleur à l'organisme et qui n'est pas coûteux ; aussi l'usage des mets sucrés pourrait-il avec avantage être plus répandu, particulièrement en France, dans les milieux ouvriers.

On utilise aussi le sucre dans la confiserie, et pour la fabrication des confitures, des liqueurs, etc.

La France est un des pays qui produisent le plus de sucre ; elle en fournit à elle seule un milliard de kilogrammes, soit le dixième environ de la production mondiale.

89. Expériences. — *Glucose.* — Montrer du glucose en masse, du sirop de glucose. — Faire bouillir un peu de glucose avec de la potasse dissoute : le liquide brunit.

Chauffer jusqu'à l'ébullition de la liqueur de Fehling dans un tube à essai, et y ajouter un peu de glucose : il se fait un précipité rougeâtre. Chauffer du glucose avec de l'azotate d'argent dissous dans de l'eau ammoniacale, ou dans de l'eau contenant un peu de potasse ; il y a dépôt d'argent métallique.

Sucre ordinaire. — Faire fondre du sucre avec quelques gouttes d'eau sur un foyer, et quand il est fondu, le couler sur une plaque de marbre huilée : on obtient du sucre d'orge. Même expérience en chauffant plus longtemps le sucre ; la masse brunit et se transforme en caramel. Si on continue à chauffer, on n'obtient plus bientôt que du charbon de sucre.

Constater que la dissolution de sucre ordinaire ne brunit pas la potasse et ne réduit pas la liqueur de Fehling. Mais, si l'on ajoute à cette dissolution deux ou trois gouttes d'acide sulfurique, et qu'on la fasse bouillir environ dix minutes, elle devient capable de brunir la potasse et de réduire la liqueur de Fehling, parce que le sucre s'est transformé en glucose et lévulose.

CHAPITRE VIII

AMIDON

PLAN

Matière amylacée

I État naturel		Graines, tubercules, racines, tiges, feuilles, fruits d'un grand nombre de végétaux. L'*amidon* provient des graines de céréales. La *fécule* provient des tubercules de pomme de terre.
II Propriétés	*Action de l'eau*	Insoluble dans l'eau froide. Se gonfle dans l'eau à 60° : *empois* d'amidon.
	Transformation en dextrine et en sucre	1° par la *chaleur*. 2° par les *acides* étendus et chauds. 3° par la *diastase* de l'orge germée, de la salive, etc.
	Applications de cette transformation : fabrication de la dextrine, du glucose, de l'alcool de grains et de pommes de terre, de la bière.	
III Extraction	1° de l'*amidon* du blé	*a*) Procédé mécanique pour séparer le gluten de l'amidon (lavage). *b*) Procédé par fermentation.
	2° de la *fécule* de pomme de terre	Procédé mécanique pour séparer la fécule des débris de cellules de la pomme de terre (lavages).
IV Usages		Apprêt du linge, des tissus. Encollage des papiers. Fabrication des dextrines et du glucose, etc.

AMIDON

$C^6H^{10}O^5$

90. Un grand nombre de tissus végétaux renferment un hydrate de carbone, désigné sous le nom de **matière amylacée ou amidon.** Cette substance existe dans les graines des céréales (blé, avoine, riz, maïs...) et dans celles des légumineuses (haricots, fèves, pois, lentilles); dans les tubercules de la pomme de terre; dans les bulbes de tulipe, les racines de carotte, de rhubarbe, de guimauve; dans les fruits du chêne et du châtaignier, dans les feuilles de tous les végétaux, etc.

On désigne plus spécialement sous le nom d'*amidon* la matière amylacée extraite des graines de céréales; et sous le nom de *fécule*, celle qui est extraite de la pomme de terre et de divers tubercules.

91. Propriétés.

La matière amylacée est une poudre blanche, formée de grains de dimensions variables; les grains d'amidon (*fig.* 19) ont environ 0mm,030 de diamètre, tandis que ceux de la

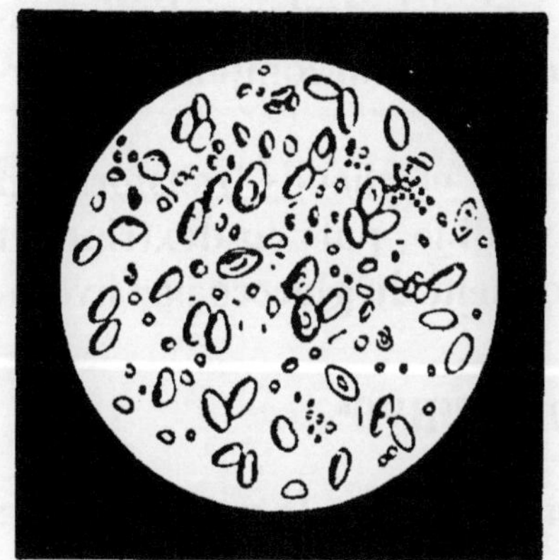

FIG. 19. — Grains d'amidon.

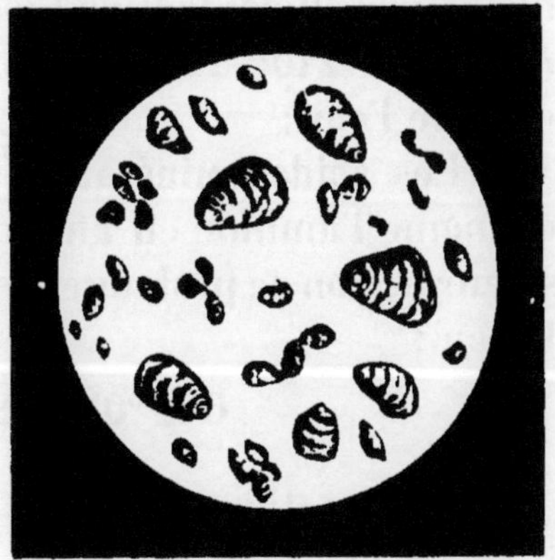

FIG. 20. — Grains de fécule.

(Très grossis, vus au microscope.)

fécule peuvent avoir de 0mm,140 à 0mm,185 (*fig.* 20). Tous sont formés d'une série de couches emboîtées les unes dans les autres, et qu'on peut mettre en évidence en mouillant les grains avec de l'eau chaude. La matière amylacée est insoluble dans l'eau froide. Dans l'eau à 60°, elle l'est également; mais les grains se gonflent jusqu'à devenir 30 fois plus volumineux; leurs enveloppes se déchirent, et l'amidon se prend en une masse gélatineuse et translucide qu'on appelle **empois**.

Le réactif de l'amidon est l'*iode* ; ce corps donne à l'empois une coloration bleue intense qui disparaît à chaud et reparaît par le refroidissement.

Transformation en dextrine et en glucose. — La propriété essentielle de la matière amylacée est de pouvoir se transformer, dans certaines conditions, en *dextrine* et en *glucose*.

1° Sous l'action de la **chaleur,** la matière amylacée se transforme d'abord, à **100°**, en une variété d'amidon soluble dans l'eau (**amidon soluble**). Puis, à **160°**, elle se transforme, sans changer de composition, en un corps nouveau, soluble dans l'eau, d'apparence gommeuse et caractérisé parce qu'il ne bleuit pas au contact de l'iode : c'est **la dextrine.** Enfin, audessus de **210°**, l'amidon brunit et se décompose en perdant de l'eau ;

2° Les **acides minéraux** étendus et chauds transforment de même l'amidon en amidon soluble, puis en dextrine, et si leur action se prolonge, ils donnent du **glucose** par hydratation :

$$C^6H^{10}O^5 + H^2O = C^6H^{12}O^6.$$

L'acide azotique étendu et chaud n'a pas la même action ; il oxyde l'amidon et le transforme en acide oxalique avec dégagement de vapeurs nitreuses.

3° Enfin, sous l'influence de **la diastase** qui se développe dans les graines d'orge pendant la germination, l'amidon se transforme en amidon soluble, puis en dextrine et en **maltose**, corps qui appartient au groupe des glucoses et qui peut fermenter sous l'action de la levure de bière. Le même phénomène se produit naturellement dans les graines qui germent, et il se forme des substances solubles assimilables qui peuvent servir au développement de la plante, tandis que l'amidon, insoluble, ne pourrait être assimilé directement. La diastase de la salive (*ptyaline*) et une des diastases du suc pancréatique (*amylase*) transforment de même l'amidon en dextrine et en glucose et permettent ainsi l'assimilation des aliments féculents dans notre organisme.

La transformation de l'amidon en glucose ou en maltose

a une grande importance pratique, car elle est appliquée dans plusieurs industries : 1° on fabrique le glucose au moyen de la fécule et de l'acide sulfurique étendu ; 2° la bière, les alcools de grains et de pommes de terre sont obtenus par la fermentation alcoolique des glucoses qui proviennent de l'amidon des céréales ou de la fécule de pomme de terre.

92. Extraction de l'amidon.

On retire surtout l'amidon des grains de blé. La farine provenant de ces grains renferme, outre la matière amylacée, une substance azotée capable de se putréfier et qu'on appelle *gluten*. Il faut donc séparer l'amidon du gluten, ce qu'on peut faire par deux procédés différents :

1° *Procédé mécanique.* — Nous savons (§ 2) que, si l'on réduit de la farine en pâte, et qu'on la malaxe sous un filet d'eau, l'amidon est entraîné par l'eau, tandis que le gluten reste dans la main. C'est un procédé identique qu'on emploie dans l'industrie. La pâte est pétrie et lavée mécaniquement dans une auge demi-cylindrique appelée *amidonnière*. L'amidon est entraîné par l'eau, égoutté sur des toiles, puis desséché dans une étuve. Le retrait qu'il éprouve en se desséchant fait diviser la masse en prismes irréguliers ou aiguilles et c'est sous cette forme qu'il est livré au commerce.

Ce procédé est assez rapide, et il a l'avantage de conserver intact le gluten, qui a une grande importance industrielle, puisqu'il entre pour une notable proportion dans les pâtes alimentaires : pâtes d'Italie, vermicelle, macaroni, etc. Mais il ne pourrait être employé pour les farines avariées, parce que le gluten de ces farines a perdu ses propriétés élastiques qui lui permettaient de s'agglutiner, et il serait entraîné comme l'amidon en grains isolés.

Pour les farines de mauvaise qualité, on emploie un autre procédé dit *de fermentation*.

2° *Procédé par fermentation.* — On délaye les farines dans de l'eau, et on y ajoute des *eaux sures* provenant d'opérations antérieures. Le gluten fermente, dégage de l'ammoniaque, de l'acide sulfhydrique et d'autres produits infects ; les matières sucrées des farines se décomposent aussi, mais l'amidon reste inaltéré. Quand la fermentation est terminée, ce qui n'a lieu qu'après 15 ou 20 jours, on recueille l'amidon qui s'est déposé au fond des cuves, et on le lave, puis on le sèche comme précédemment.

Ce procédé a l'inconvénient de produire des gaz fétides et insalubres. Aussi n'est-il appliqué que pour les farines ne pouvant être traitées par le premier procédé.

93. Extraction de la fécule.

Les tubercules de pommes de terre, bien lavés, sont ré-

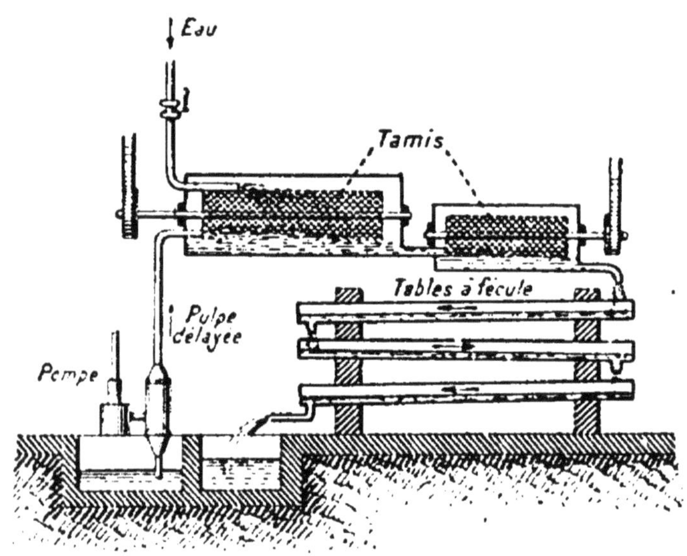

Fig. 21. — Préparation de la fécule.

duits en pulpe au moyen d'une râpe qui déchire les cellules. Puis la pulpe est lavée sous un filet d'eau dans un tamis qui laisse passer l'eau chargée de fécule, et retient les débris des cellules (*fig.* 21). La fécule est reçue sur des tables légèrement inclinées où elle se sépare de l'eau. Par des lavages méthodiques, on la débarrasse complètement des débris de cellules entraînés, puis on l'égoutte, et on la sèche d'abord à l'air, ensuite dans une étuve à air chaud. Les résidus qui sont restés sur le tamis servent à la nourriture des bestiaux.

94. Usages.

L'amidon sert surtout à empeser le linge; on l'utilise aussi en médecine. La fécule sert en grande quantité dans la fabrication des dextrines et du glucose, dans l'encollage des papiers; on s'en sert pour épaissir les couleurs destinées à la teinture des étoffes, et pour apprêter certains tissus. On l'emploie aussi en économie domestique pour la confection de sauces et de certains gâteaux.

Le **tapioca** est la fécule extraite de la racine d'une plante exotique, le manihoc. L'**arrow-root** s'extrait des racines du maranta des Antilles, et le **sagou**, de la moelle de divers palmiers.

95. Expériences. — Montrer comment se fait l'empois d'amidon. Y ajouter, lorsqu'il est refroidi, une goutte de teinture d'iode, et agiter le liquide; il devient bleu.

Transformer de l'amidon en dextrine, en le chauffant dans un ballon avec de l'eau additionnée de quelques gouttes d'acide sulfurique. Le liquide devient clair; on y ajoute un peu de chaux pour neutraliser l'acide, on décante le liquide, et on y verse une goutte de teinture d'iode qui colore le liquide en rouge fauve, ce qui indique la présence de dextrine. Pour transformer l'amidon en glucose, il faudrait chauffer plusieurs heures; on s'aperçoit que la transformation est effectuée, lorsque l'iode n'a plus d'action sur le liquide, et lorsque la liqueur de Fehling y produit un précipité rougeâtre.

CHAPITRE IX

CELLULOSE. — PAPIER

PLAN

Cellulose

I
État naturel
- entre dans la constitution des membranes de toutes les cellules végétales.
- Cellulose à peu près pure dans le papier, le coton, le vieux linge.

II
Propriétés
- *Réactif*
  - *liqueur de Schweitzer* ou solution ammoniacale d'oxyde de cuivre, dans laquelle elle est soluble.
- Action de l'*acide sulfurique*
  - Action durant quelques secondes : *Papier parchemin*.
  - Action prolongée : transformation en dextrine, puis en glucose (*sucre de chiffons*).
- Action de l'*acide azotique*
  - Acide chaud : oxydation et formation d'acide oxalique.
  - Acide froid et fumant : formation d'éthers-sels, qui sont des *celluloses nitrées* (coton-poudre, cellulose octonitrique).

III
Usages
- 1° Fabrication du *coton-poudre*
  - employé comme explosif ; fabrication de la poudre sans fumée.
- 2° Fabrication du *collodion* : on dissout cellulose nitrée dans alcool et éther.
- *Usages du collodion*
  - *a*) en photographie et en médecine.
  - *b*) dans la fabrication de la *soie artificielle*.
- 3° Fabrication du *celluloïd*.

Papier

I. Matières premières : vieux chiffons, bois, pailles, alfa, aloès, etc.

II
Préparation de la pâte
- 1° *Pâte de chiffons*
  - Triage des chiffons.
  - Lessivage.
  - Effilochage.
  - Blanchiment.
- 2° *Pâte de bois*
  - Procédé *mécanique* : on râpe le bois en poudre.
  - Procédé *chimique* : on isole la cellulose des résines que contient le bois.
- 3° *Pâtes d'alfa et de paille* : Traitement chimique.

Raffinage de la pâte obtenue dans ces divers procédés.

III
Transformation de la pâte en feuilles
- 1° Papier à la forme. Procédé peu employé.
- 2° Papier mécanique.

Collage du papier, superficiellement, ou dans la pâte pendant le raffinage.

IV. Usages. Très nombreux et variés : Impression, écriture, emballage, etc.

CELLULOSE

$(C^{12}H^{20}O^{10})^n$

96. La *cellulose*, qui est un hydrate de carbone, est la substance la plus répandue dans les tissus végétaux. C'est elle qui constitue les parois des jeunes cellules végétales. Dans les cellules âgées comme les fibres et les vaisseaux, elle existe aussi, mais elle est incrustée de substances étrangères qui lui donnent de la rigidité; on l'appelle alors *ligneux* ou *bois*. Chez les animaux, au contraire, les membranes cellulaires ne sont jamais incrustées de cellulose, sauf chez les tuniciers. C'est là une distinction importante entre les animaux et les végétaux.

Nous n'aurons pas à préparer de cellulose, car la moelle de sureau, le vieux linge de chanvre ou de lin, le coton, le papier non collé sont constitués par de la cellulose à peu près pure.

97. Propriétés.

La cellulose est une substance solide, blanche, insoluble dans tous les liquides sauf dans *la liqueur de Schweitzer* ou solution ammoniacale d'oxyde de cuivre. Elle est précipitée de cette dissolution sous forme d'une gelée floconneuse, lorsqu'on y verse un acide tel que l'acide chlorhydrique.

Action de l'acide sulfurique. — Si l'on trempe quelques instants du papier filtre dans de l'acide sulfurique ordinaire et qu'on le lave aussitôt dans une dissolution ammoniacale, puis dans de l'eau, il devient translucide et prend l'aspect et la consistance du parchemin; on l'appelle **parchemin végétal**, et il est employé dans les expériences d'osmose.

Lorsque l'acide sulfurique est concentré, il transforme la cellulose en dextrine, et si l'action se prolonge, on obtient du glucose ou **sucre de chiffons**; l'expérience peut se faire avec de la charpie. Avant de se transformer en dextrine, la cellulose donne d'abord une matière amylacée voisine de l'amidon, colorable en bleu par l'iode, ce qui la distingue de la cellulose qui ne bleuit pas.

L'acide sulfurique étendu transfo ne aussi la cellulose en dextrine et en glucose, mais par une ébullition de plusieurs heures. Cette transformation en glucose capable de subir la fermentation alcoolique, permet d'employer la sciure de bois à la fabrication de l'alcool (usines d'Allemagne).

Action de l'acide azotique. — L'acide un peu étendu, chauffé avec de la cellulose, l'oxyde et donne de l'acide oxalique avec dégagement de vapeurs nitreuses. (La potasse a d'ailleurs la même action, et c'est ce qui permet d'obtenir industriellement l'acide oxalique au moyen de la sciure de bois et de la potasse.)

Si, au lieu d'employer l'acide chaud, on emploie de l'acide *fumant* et *froid*, ou mieux un mélange d'acide azotique et d'acide sulfurique, on obtient différentes combinaisons qui ne sont pas autre chose que des **éthers-sels** de la cellulose et de l'acide azotique, et il y a élimination d'eau. On connaît plusieurs de ces éthers-sels, appelés **celluloses nitriques**; ils s'obtiennent en faisant varier les proportions d'acide azotique et d'acide sulfurique. Les plus importants sont le *coton-poudre*, et la *cellulose octonitrique* employée pour préparer le collodion et le celluloïd.

98. Coton-poudre.

Pour fabriquer le *coton-poudre* ou *fulmicoton*, on fait un mélange de **1** volume d'acide azotique fumant pour **3** volumes d'acide sulfurique concentré. Le mélange s'échauffe, et ce n'est qu'après son refroidissement qu'on y introduit du coton ordinaire. Ce coton est retiré au bout de trente minutes environ, lavé à grande eau et séché ; il constitue alors le coton-poudre, qui a l'aspect du coton ordinaire, mais qui est plus rugueux, s'enflamme très facilement et brûle sans laisser de résidu, car tous les produits de sa combustion sont gazeux.

Son inflammation facile et ses propriétés explosives font employer le coton-poudre pour les travaux de mines et les torpilles; il est alors fortement comprimé et on le fait détoner par une amorce. On l'emploie aussi dans la fabrication de la *poudre sans fumée*. C'est un explosif très brisant dont les effets mécaniques sont bien plus puissants que ceux qui peuvent être obtenus avec la poudre ordinaire.

99. Cellulose octonitrique.

La cellulose octonitrique, obtenue avec un mélange à volumes égaux d'acide sulfurique et d'acide azotique concentrés, est soluble dans un mélange de 3 parties d'éther pour 1 partie d'alcool; la solution visqueuse obtenue est le **collodion.** Versée en couche mince sur un objet, cette solution y forme, par évaporation de l'alcool et de l'éther, une pellicule transparente, imperméable, résistante et insoluble dans l'eau.

C'est cette propriété qui permet d'employer le collodion en photographie pour la préparation des plaques sensibles : il forme à la surface des plaques de verre une pellicule homogène, et les épreuves négatives obtenues sont d'une grande finesse. C'est encore pour la même raison qu'on emploie le collodion en médecine pour recouvrir les plaies et les préserver du contact de l'air.

Enfin le collodion sert à la fabrication d'une partie de la **soie artificielle,** celle qu'on désigne sous le nom de *soie Chardonnet*. On l'obtient en comprimant du collodion de manière à le faire passer par des tubes extrêmement fins (un dixième de millimètre de diamètre environ). A mesure qu'il sort de ces tubes, le collodion se solidifie par évaporation de l'éther et de l'alcool, et l'on obtient un fil d'aspect brillant comme de la soie. Mais ce fil est très inflammable, et par suite dangereux à employer; aussi lui fait-on subir la **dénitration** avant de le livrer au commerce ; on le trempe dans des bains capables d'enlever l'acide azotique qu'il contient (bains de sels cuivreux, de chlorure ferreux, etc.). Au sortir de ces bains, la soie artificielle est, en somme, revenue à l'état de cellulose, et comme telle, n'est pas plus inflammable que le coton ordinaire. On fait aussi de la soie artificielle en dissolvant de la cellulose dans la liqueur de Schweitzer.

En définitive, la soie artificielle s'obtient à partir du coton ou d'autres variétés de cellulose, et au moyen de procédés peu coûteux. Aussi est-elle employée en assez grande quantité, particulièrement pour les tentures, pour les galons, la passementerie, etc. On peut très facilement la teindre et la tisser ; mais elle est souvent moins tenace que la soie naturelle, et elle perd parfois une grande partie de sa résistance au contact de l'eau ; c'est ce qui restreint ses usages.

100. Celluloïd.

Les celluloses nitrées servent encore dans la fabrication du celluloïd. Ce corps s'obtient en comprimant un mélange de nitro-cellulose et de camphre imbibé d'alcool ; on peut y ajouter des matières colorantes. Le produit obtenu est dur, mais se ramollit vers 80° et peut alors se mouler et se travailler. On l'emploie pour faire un grand nombre d'objets : manches de couteaux, peignes, objets divers imitant l'ivoire, l'ambre ou l'écaille. Il sert aussi pour faire des cols, des manchettes, des plastrons qui se lavent facilement. Tous ces objets sont **très inflammables** et brûlent rapidement dès qu'ils sont portés à 240°.

PAPIER

101. La principale application de la cellulose est la fabrication du *papier*. Les matières premières employées sont : les chiffons de lin, de chanvre et de coton, les pailles des céréales, les fibres contenues dans les feuilles d'*alfa*, d'*aloès*, de *sparte*, et surtout le *bois*. Pendant longtemps, les vieux chiffons ont suffi à cette fabrication. Puis, l'industrie du papier a pris une extension si considérable qu'il a fallu chercher d'autres sources de cellulose, et actuellement le papier de chiffons n'est fabriqué qu'en quantité minime relativement aux papiers faits avec du bois ou de l'alfa.

Quelles que soient les matières premières employées, elles sont réduites en pâte, puis étendues en couches très minces qui, par dessiccation, constituent les feuilles de papier. La fabrication du papier comporte donc deux séries d'opérations : 1° préparation de la pâte ; 2° transformation de la pâte en feuilles.

102. Préparation de la pâte.

Pâte de chiffons. — On commence par trier les chiffons pour enlever ceux de soie et de laine qui ne peuvent servir à faire le papier, et qu'on tisse généralement, pour faire de

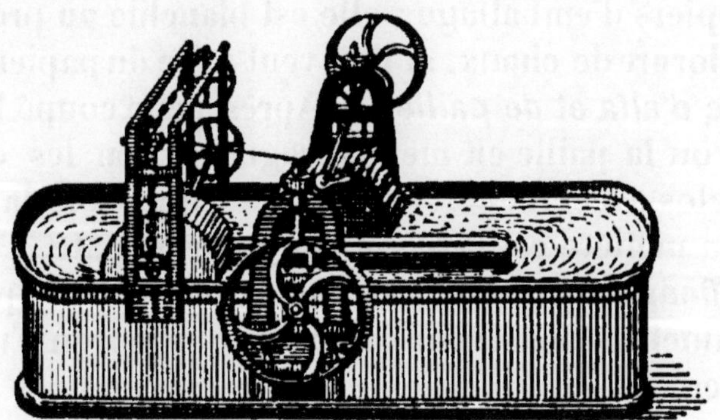

Fig. 22. — Pile effilocheuse.

nouvelles étoffes. Puis les chiffons de lin, de chanvre et de coton sont **lessivés** par une solution alcaline, **effilochés** au moyen de cylindres armés de lames peu tranchantes, qui réduisent les chiffons en fibrilles (*fig.* 22). Ces fibrilles forment avec l'eau une pâte plus ou moins colorée qu'il faut **blanchir**. Le blanchiment s'effectue, soit au chlore gazeux, soit au chlore provenant d'un chlorure décolorant, et dans ce cas, il suffit d'ajouter le chlorure à la pâte, dans la cuve à effilochage. On enlève le chlore en excès au moyen d'un lavage à l'eau chargée de carbonate de sodium; quand ce lavage est mal fait, le chlore attaque les fibres de cellulose et le papier obtenu est de mauvaise qualité.

Pâte de bois. — Les essences les plus recherchées sont les bois tendres et peu colorés : épicéa, sapin, tremble, bouleau. Deux procédés sont employés pour fabriquer la pâte :

1° **Procédé mécanique.** — On râpe le bois contre une meule de grès, pour obtenir une poudre plus ou moins fine que l'on transforme en pâte. Le papier obtenu par ce procédé est d'un prix peu élevé, mais il est peu résistant;

2° **Procédé chimique.** — Dans ce procédé, après avoir réduit le bois en copeaux, on le chauffe en vase clos avec une lessive de bisulfite de calcium, qui dissout les résines et sépare les fibres. La pâte obtenue peut servir immédiatement pour les papiers d'emballage ; elle est blanchie au préalable par du chlorure de chaux, si l'on veut faire du papier blanc.

Pâte d'alfa et de paille. — Après avoir coupé les feuilles d'alfa ou la paille en menus fragments, on les chauffe en vase clos avec une lessive de soude qui isole la cellulose; puis la matière est lavée et convertie en pâte.

Raffinage. — Quelle que soit l'origine de la pâte, il faut la soumettre à un second effilochage au moyen d'un cylindre à lames très rapprochées qui la réduit en fines particules. L'appareil employé s'appelle *raffineuse*. C'est pendant le raffinage qu'on ajoute la **colle**, mélange de substances qui doivent rendre le papier imperméable; on ajoute aussi, s'il y a lieu, des matières colorantes, et divers corps, kaolin, sulfate de baryum, destinés à donner du poids au papier.

102 *bis*. Transformation de la pâte en feuilles.

1° *Papier à la forme.* — Les feuilles de papier se fabriquent, soit à la main, soit à la mécanique. Dans le premier cas, on verse la pâte dans une forme, sorte de cadre dont le fond est une toile métallique. L'eau filtre, et il reste sur le cadre une couche très mince que l'on comprime entre des plaques de feutre, puis que l'on fait sécher.

Ce procédé n'est guère employé que pour les papiers de luxe (*papier de Hollande*), pour le papier timbré, les billets de banque, le papier à dessin. Le *collage* de ces papiers se fait toujours superficiellement : après la dessiccation des feuilles, on les trempe dans une dissolution étendue de colle forte et d'alun. C'est pour cette raison qu'on ne peut écrire sur du papier timbré à l'endroit où il y a eu un grattage.

2° *Papier à la mécanique.* — La presque totalité du papier est fabriquée à la mécanique. La pâte est versée sur une toile métallique sans fin, qui l'entraîne avec elle et la fait égoutter.

La feuille passe alors entre deux cylindres recouverts de feutre qui absorbent une partie de son eau, puis sur des cylindres en fonte ou en cuivre qui sont chauffés, et qui polissent et dessèchent complètement le papier. La fabrication est continue; sans cesse de la pâte est versée à une extrémité de l'appareil, tandis que de l'autre sort le papier qu'on découpe mécaniquement s'il y a lieu.

Le papier à la mécanique est presque toujours collé dans toute sa masse par l'addition, dans la pâte, de gélatine, d'alun et de sulfate d'aluminium; ou bien d'un mélange de colophane, de soude et de fécule. Le papier buvard et le papier filtre ne sont pas encollés.

103. Usages du papier.

On fabrique actuellement une variété considérable de papiers dont les usages sont extrêmement nombreux et importants. La consommation annuelle du papier est d'environ 2 millions de tonnes, et ce sont surtout les journaux, les livres et les revues qui en consomment. D'immenses forêts sont détruites en quelques années pour la fabrication du papier; on estime que les trente mille journaux quotidiens du monde consomment par jour environ 1.000 tonnes de pâte de bois, et que chaque année il est employé 1 milliard et quart de mètres cubes de bois pour alimenter l'industrie du papier. Aussi entrevoit-on le moment où les forêts ne pourront plus suffire à cette fabrication, et l'industrie du papier peut être considérée comme l'une des causes les plus importantes du déboisement.

Outre ses usages pour l'impression, l'écriture, l'emballage, etc., le papier a quelques applications intéressantes. En comprimant fortement la pâte à papier, on obtient un produit très résistant, susceptible de nombreux usages, à cause des formes multiples qu'on peut faire prendre à la pâte avant sa compression ; on l'emploie pour faire des cadres, des plateaux, des bouteilles, des cuvettes, des cols, des manchettes, etc. On s'en sert également en Amérique pour faire des rails, des roues de wagons, des moulures d'appartements, des portes, des plafonds et jusqu'à des maisons entières. L'Europe, en particulier l'Angleterre, possède maintenant de nombreuses fabriques d'objets de carton comprimé.

Fig. 23. — Préparation de la liqueur de Schweitzer.

101. Expériences. — Fabriquer de la liqueur de Schweitzer : on verse de l'ammoniaque dissous sur de la tournure de cuivre placée dans un tube (*fig.* 23); puis on verse le liquide recueilli sur le cuivre et on opère ainsi un grand nombre de fois jusqu'à ce que le liquide soit d'un bleu *très foncé*. Mettre des fragments de papier filtre ou de l'ouate dans la liqueur obtenue et agiter; ils disparaissent bientôt. Si l'on y verse alors un peu d'acide chlorhydrique, on voit se précipiter des flocons gélatineux de cellulose.

Parchemin végétal. — Faire un mélange à volumes égaux d'acide sulfurique et d'eau. Y laisser tremper vingt secondes environ une feuille de papier filtre. La sortir, la laver dans une dissolution ammoniacale, puis dans l'eau et la laisser sécher : on a du parchemin végétal.

Transformation de la cellulose en amidon. — EXPÉRIENCE. — Une feuille de papier filtre est imprégnée d'iodure de potassium et séchée. On la trempe rapidement dans de l'acide sulfurique concentré, puis dans de l'eau pour la laver. L'acide met l'iode en liberté, et transforme la cellulose en amidon ; il en résulte que le papier prend une coloration bleu foncé.

Coton-poudre. — Préparer du coton-poudre comme il a été dit dans la leçon, en ayant soin de bien diviser l'ouate employée et de bien l'imbiber du mélange des acides à l'aide d'un agitateur. Quand il est bien sec, l'enflammer sur une soucoupe ; il brûle en un instant, sans laisser de cendres.

Montrer du collodion, de la soie artificielle facile à se procurer dans les échantillons de passementerie.

CHAPITRE X

FERMENTATIONS. — BOISSONS FERMENTÉES

PLAN

I. — Fermentations

Définition { Transformation chimique de matières dites *fermentescibles*, sous l'influence d'autres matières organiques dites *ferments*.

2 sortes de ferments { Ferments vivants. Ferments solubles.

1° *Ferments vivants* {
Exemples : levure, mycoderma aceti.
D'où viennent ces ferments ? Sont souvent apportés par l'air.
Propriétés { N'opèrent qu'une sorte de fermentation. Sont détruits par les antiseptiques, par la chaleur. Action de l'air { ferments aérobies. ferments anaérobies.

2° *Ferments solubles* {
Exemples : diastases de l'orge germée, de la salive, etc.
Propriétés { N'opèrent qu'une sorte de fermentation. Ne sont pas détruits par les antiseptiques, par la chaleur, par l'air.

Il est possible que toutes les fermentations soient dues en définitive à des ferments solubles.

II. — Boissons fermentées

1° Fermentation alcoolique {
Expérience { Glucose, eau et levure de bière dans un flacon. Laisser le tout dans une salle chaude. Il y a fermentation (alcool et gaz carbonique).
Conditions pour que la fermentation se produise. { Levure à l'abri de l'air. Matières azotées dans le liquide.

Matières premières employées pour la fabrication des boissons alcooliques : *sucres ou substances pouvant se transformer en glucose.*

2° Vin { Fabrication. Vin blanc, vin de Champagne. Maladies : vins plats, vins aigres, vins amers. Conservation : Chauffage du vin à 60° (*pasteurisation*).

3° Cidre et poiré : Fabrication à l'aide des pommes et des poires.

4° Bière Fabrication {
1. Développement de la diastase ou *germination* de l'orge : formation du *malt*.
2. Transformation de l'amidon en glucose (*saccharification*) : formation du *moût*.
3. *Houblonnage.*
4. *Fermentation alcoolique.*

III. — Alcools

1° Matières premières	Boissons fermentées. Jus sucrés : fruits, moût du raisin, mélasses, jus de betteraves. Matière amylacée des graines de céréales et des pommes de terre.
2° Fabrication 4 opérations *au plus*	Transformation de l'*amidon en glucose* (alcools de grains, de pommes de terre). *Fermentation* alcoolique du glucose. *Distillation* du moût fermenté pour concentrer l'alcool. *Rectification* de l'alcool pour l'avoir presque pur.
Appareils de distillation	Alambic. Rectificateur Savalle.

FERMENTATIONS

105. Lorsqu'on écrase des grains de raisin et qu'on abandonne le jus sucré à l'air à la température de 15 à 20°, ce jus se transforme peu à peu en alcool tandis qu'il y a dégagement de gaz carbonique. De même, le vin ensemencé de *Mycoderma aceti* se transforme en vinaigre.

Les matières organiques azotées (viande, pain, fromage, œufs), longtemps exposées à l'air, se décomposent en divers produits, tels que l'ammoniaque, l'hydrogène sulfuré, etc. Toutes ces transformations des matières organiques sont appelées **fermentations.** Les fermentations ne sont pas autre chose que des *transformations chimiques de matières dites* **matières fermentescibles,** *sous l'influence d'autres matières organiques dites* **ferments.** Ainsi, la fermentation acétique est la transformation de l'alcool, (matière fermentescible), en acide acétique, sous l'influence d'un ferment, le *Mycoderma aceti*.

Ce qui caractérise ces phénomènes chimiques, c'est qu'en général le ferment ne fournit rien de sa propre substance; tous les produits de la fermentation proviennent de la substance fermentescible. C'est ce qui explique qu'une petite quantité de ferment puisse transformer une quantité presque illimitée de matière.

106. Ferments vivants ou figurés.

Les travaux de Pasteur ont montré qu'un grand nombre

de ferments sont constitués par des êtres vivants, végétaux microscopiques appartenant au groupe des champignons ou à celui des bactéries. Lorsque ces ferments se trouvent placés dans un milieu convenable, ils se développent et se multiplient rapidement aux dépens de la matière fermentescible qu'ils décomposent, c'est-à-dire qu'ils font fermenter. C'est ainsi que la levure de bière produit la fermentation du jus de raisin, le *Mycoderma aceti* celle de l'alcool, etc. Il semble que ces ferments ne soient pas toujours nécessaires à la fermentation, car le jus de raisin, par exemple, ne tarde pas à fermenter à l'air sans qu'on ait besoin d'y ajouter de levure de bière. Mais, en réalité, le ferment existe bien dans le liquide; il y a été apporté, soit par les pellicules des grains de raisin sur lesquelles il se trouvait, soit le plus souvent par l'air qui renferme une quantité innombrable de ferments à l'état de vie ralentie.

La putréfaction des matières organiques, la coagulation spontanée du lait sont également des fermentations dues à des êtres vivants.

Propriétés des ferments vivants. — Un même ferment ne produit généralement qu'une même fermentation: ainsi le *Mycoderma aceti* ne peut opérer d'autre transformation que celle de l'alcool en acide acétique; la levure de bière, avec le glucose, produit toujours de l'alcool et du gaz carbonique. Les produits de la fermentation sont donc *constants* pour chaque espèce de ferment; et toutes les fois qu'une substance peut fermenter de plusieurs façons différentes, c'est sous l'action de ferments différents; ainsi le glucose peut se transformer en alcool sous l'influence de la levure de bière et en acide lactique sous l'action du *Mycoderma lactis*.

Les ferments vivants sont détruits par les antiseptiques et par une température supérieure à **100°**. Les uns (ferments **aérobies**) ne peuvent se développer qu'à l'air, par exemple le ferment acétique; — d'autres, les ferments **anaérobies**, n'ont pas besoin d'air pour vivre, et même sont tués par l'air; il en est ainsi du ferment *butyrique* qui produit la transformation du glucose, de la cellulose, de l'amidon, etc., en acide butyrique. Enfin, la levure de bière peut se développer à l'air, mais ne fait fermenter le glucose que si elle est à l'abri de l'air.

107. Ferments solubles.

Nous n'avons parlé jusqu'ici que des fermentations produites par des êtres vivants. Il en est d'autres qui sont produites par des substances non organisées et par suite non vivantes; ces substances sont désignées sous le nom de **ferments solubles ou diastases.**

Elles agissent de façon analogue aux ferments vivants, mais se détruisent en décomposant les matières fermentescibles. Les antiseptiques, la chaleur, l'air, n'ont aucune action sur elles.

Parmi ces ferments, on peut citer la diastase de l'orge germée et celle de la salive qui transforment l'amidon en glucose; — l'invertine qui transforme le saccharose en glucose et lévulose, et toutes les diastases qui, dans la digestion, transforment les aliments en substances assimilables.

On pense maintenant que les ferments vivants agissent sur les matières fermentescibles par des diastases qu'ils sécrètent, de sorte qu'en définitive *toutes les fermentations seraient produites par des ferments solubles.* Plusieurs faits vérifient cette hypothèse : ainsi, la levure de bière secrète deux diastases qu'on a pu isoler : ce sont l'**invertine** qui transforme le saccharose en glucoses, et la **zymase** qui transforme les glucoses en alcool. De même, la transformation de l'urée en carbonate d'ammonium se produit sous l'influence d'un ferment vivant qui sécrète une diastase capable de produire la fermentation ammoniacale.

BOISSONS FERMENTÉES

108. Fermentation alcoolique.

La fermentation alcoolique est celle qui a les applications industrielles les plus importantes : elle est la base de la fabrication des boissons fermentées et des alcools.

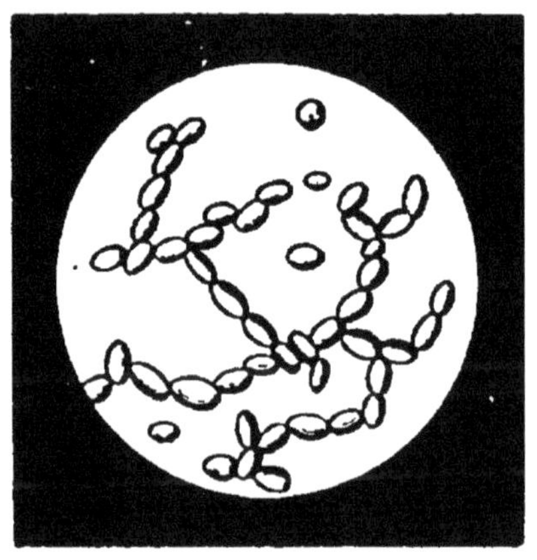

FIG. 24. — Cellules de levure de bière (très grossies).

Elle consiste dans la *transformation du glucose en alcool sous l'influence de champignons microscopiques*, dont le plus commun est la *levure de bière* ou *Saccharomyces cerevisiæ* qu'on peut recueillir à la surface d'une cuve en fermentation où se fabrique de la bière. Cette levure est formée de cellules ovoïdes (*fig.* 24) réunies en chapelets. Son action sur le glucose peut être mise en évidence par l'expérience suivante : on introduit dans un grand flacon (*fig.* 25) de l'eau, du glucose et de la levure de bière, et on abandonne l'appareil dans une salle chaude. On constate bientôt qu'il se dégage du gaz carbonique dans l'éprouvette et que le liquide perd sa saveur sucrée et prend une odeur vineuse ; il contient donc de l'alcool qu'on peut isoler par distillation. On pourrait croire

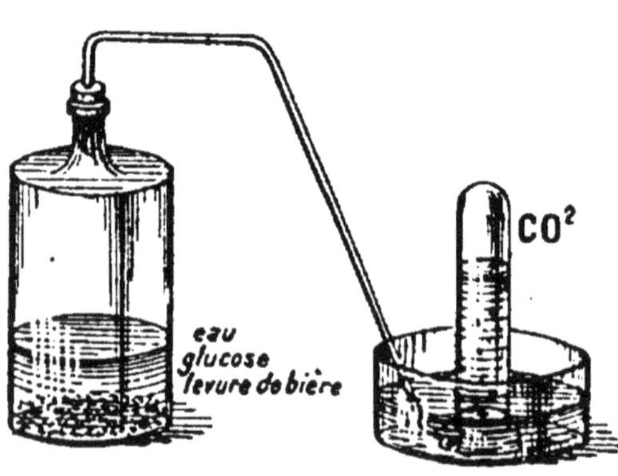

FIG. 25. — Fermentation alcoolique.

qu'il y a eu tout simplement décomposition du glucose en alcool et en gaz carbonique :

$$C^6H^{12}O^6 = 2C^2H^5OH + 2CO^2. \qquad (1)$$

Mais on a constaté qu'il se forme, en outre, durant la fermentation, de la glycérine, de l'acide succinique et de petites quantités d'alcools supérieurs homologues de l'alcool éthylique. D'autre part, la levure augmente de poids. Le phénomène est donc plus complexe que ne l'indique la formule (1), les produits résultant de la fermentation sont nombreux et une partie sert au développement de la levure.

Conditions pour que la fermentation alcoolique se produise. — Pour que la fermentation alcoolique se produise, il faut que la levure de bière soit dans l'intérieur du liquide. A sa surface, elle peut vivre, mais elle n'a aucune action sur le glucose : c'est qu'elle emprunte à l'air l'oxygène dont elle a besoin, tandis que, dans le premier cas, elle le prend au glucose. D'autre part, la levure de bière est constituée par des matières azotées et minérales, par des matières grasses et de la cellulose. Pour qu'elle puisse se développer, il faut donc qu'elle trouve toutes ces substances dans le milieu où elle vit ; si on la sème dans un liquide ne contenant que du sucre, la fermentation se produit mal et s'arrête au bout d'un certain temps, lorsqu'il ne reste plus de globules de levure vivants ; tant qu'elle dure, c'est que le ferment se nourrit aux dépens de sa propre substance.

Les jus sucrés retirés des fruits du raisin, de la betterave, etc., sont des milieux très favorables au développement de la levure, car ils renferment toujours une grande quantité de matières azotées.

Toutes les substances sucrées ou capables d'être transformées en sucres peuvent subir la fermentation alcoolique, et servir par suite à la fabrication des boissons fermentées ou des alcools.

109. Vin.

Le vin résulte de la *fermentation du jus* ou *moût de raisin.* Ce jus renferme du glucose, de l'albumine, des matières grasses, des matières colorantes, des acides tels que l'acide tartrique, et des sels tels que le phosphate de calcium et le chlorure de sodium. Presque tous ces produits se retrouvent dans le vin.

Les raisins mûrs sont foulés dans de grandes cuves, puis abandonnés dans des celliers à une température de 20 à 25° ; après quelques heures ou quelques jours, la fermentation commence. Le gaz carbonique se dégage en entraînant avec lui la pulpe des grains et les grappes, qui se réunissent à la surface en formant une croûte ou *chapeau*. Quand la fermentation se ralentit, il faut enfoncer cette croûte dans la masse, car elle renferme la levure, qui n'agit plus dès qu'elle est à l'air. Après quelques jours, le bouillonnement cesse tout à fait ; on soutire le liquide dans des tonneaux où la fermentation s'achève doucement ; il faut donc laisser la bonde ouverte pour que le gaz carbonique puisse se dégager.

Après la fermentation, le vin s'éclaircit par le dépôt de **la lie**, mélange de débris du ferment, de tartre, de matière colorante. On le soutire de nouveau et on le **colle** avec du blanc d'œuf ou de la gélatine, qui se coagule au contact de l'alcool et entraîne les matières restées en suspension dans le vin. Les résidus de la fermentation qui se trouvent dans les cuves constituent les **marcs**, employés pour la fabrication des eaux-de-vie de marc.

110. Vin blanc et vin de Champagne.

Pour fabriquer le vin blanc, on peut employer des raisins blancs ou rouges. Comme la matière colorante se trouve dans la pellicule des grains, et n'est soluble dans le jus du raisin que lorsqu'il contient de l'alcool, il suffit de séparer le jus des pellicules avant la fermentation. C'est pour cela qu'après avoir écrasé les grains on les presse immédiatement, et l'on recueille le jus séparément.

Le vin de Champagne et tous les vins mousseux s'obtiennent en ajoutant au vin, lorsqu'on le met en bouteilles, un peu de sucre candi ; ce sucre fermente sous l'action du ferment que contient le vin, même clarifié, et il produit du gaz carbonique qui reste emprisonné dans le vin sous pression.

111. Composition du vin.

Le vin renferme de l'eau, de l'alcool (7 à 20 0/0), des matières qui existaient dans le moût (matières azotées, matières grasses, sels minéraux, matières colorantes, tanin, acides tartrique, malique, etc.), de l'acide acétique, de la glycérine, des éthers qui se sont formés pendant la fermentation. Les vins de table doivent renfermer de 10 à 12 0/0 d'alcool.

112. Maladies des vins.

Les vins ne se conservent pas toujours bien ; ils deviennent aigres, amers, etc. Les diverses maladies auxquelles ils sont sujets sont dues à des fermentations ; les vins contiennent, en effet, un grand nombre de ferments apportés par l'air dans le moût, ou existant à la surface des grains. Ces germes ne se développent pas immédiatement, parce que le milieu leur est moins favorable qu'à la levure de bière ; mais quand celle-ci a cessé d'agir, il peut se faire que les autres ferments se développent et déterminent la transformation du vin en d'autres produits.

Les **vins aigres ou piqués** sont dus à la transformation de l'alcool du vin en acide acétique (*Mycoderma aceti*).

Les **vins plats**, qui n'ont plus de goût, sont des vins dont l'alcool a été oxydé complètement et transformé en eau et en gaz carbonique (*Mycoderma vini* ou *fleur du vin*).

Les **vins amers** doivent aussi leur amertume à un ferment. Il y a bien d'autres maladies des vins. Toutes peuvent être prévenues par la **pasteurisation.** Pasteur a montré qu'en chauffant le vin pendant quelques minutes à 60° environ, les ferments sont détruits et la conservation du vin est assurée. Les vins chauffés ainsi n'ont pas sensiblement changé de goût et, en vieillissant, ils deviennent supérieurs aux vins non chauffés. L'opération se fait facilement, dans un ménage, en immergeant les bouteilles contenant le vin dans de l'eau qu'on chauffe progressivement (chauffage au bain-marie).

113. Cidre et poiré.

Le cidre est obtenu par la *fermentation alcoolique du jus de pommes;* lorsqu'il provient du jus de poires, on l'appelle *poiré*. Le procédé de fabrication varie un peu suivant les régions. Le plus souvent, les fruits sont écrasés sous une meule, puis abandonnés à l'air jusqu'à ce qu'ils aient pris une couleur ambrée; on les soumet alors à l'action d'un pressoir, et le jus recueilli est introduit dans de grandes cuves où il fermente. Quand la fermentation se ralentit, on le soutire dans des tonneaux, et si l'on veut en faire une boisson sucrée et mousseuse, on le met en bouteilles.

Le cidre renferme de 4 à 8 0/0 d'alcool, des acides malique et pectique, des principes qui le rendent un peu amer. Il s'altère plus facilement que le vin et ne peut guère se conserver au delà d'un an.

114. Bière.

La bière résulte de la *fermentation alcoolique du glucose obtenu par la transformation de l'amidon de l'orge.* On l'aromatise au moyen de fleurs de houblon.

Sa fabrication comporte donc quatre phases successives : 1° développement de la diastase dans l'orge, ou formation du malt; 2° brassage ou transformation de l'amidon en glucose;

3° chauffage avec le houblon; 4° fermentation alcoolique.

1° *Préparation du malt.* — On fait d'abord germer l'orge en l'étendant, humide, dans une cave ou *germoir*, maintenue à la température de 15°; la germination dure de dix à vingt jours, et pendant qu'elle se produit, la diastase se forme dans le grain. L'orge germée (*fig.* 26) est ensuite desséchée dans de grandes étuves appelées *touraillcs*, puis débarrassée de ses radicelles qui se détachent facilement, et concassée en une farine grossière appelée malt, très riche en diastase;

Fig. 26. Orge germée.

2° *Brassage ou saccharification.* — La saccharification ou transformation de l'amidon en maltose se fait sous l'influence de la diastase. On étend le malt en une couche épaisse dans une cuve à double fond dite *cuve-matière* (*fig.* 27), et par l'intervalle qui sépare les deux fonds, on fait arriver de l'eau à 70°. On brasse ensuite la masse dans l'eau, on ferme la cuve et on abandonne le tout au refroidissement; au bout de trois heures, la transformation de l'amidon en dextrine et maltose est opérée. On soutire le liquide qui les contient, et qui constitue le moût. Le malt épuisé ou *drèche* sert à la nourriture des bestiaux.

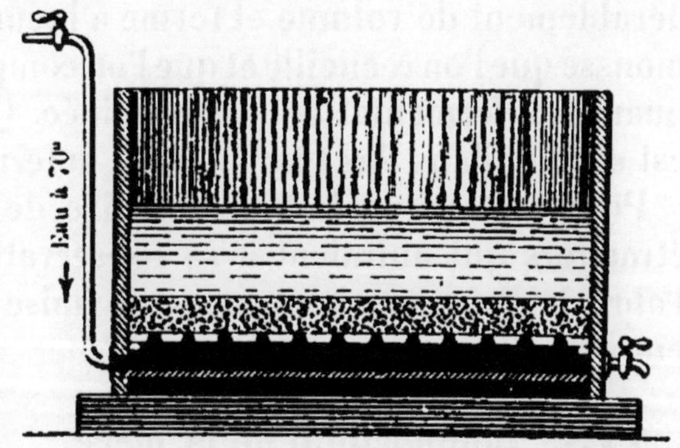

Fig. 27. — Cuve-matière à saccharification.

3° *Houblonnage.* — On fait bouillir le moût, dans de grandes cuves, avec des fleurs de houblon (*fig.* 28), qui communiquent à la bière son goût amer et agréable et qui favorisent sa conservation. La cuisson dure plusieurs heures, et quand elle est terminée, le liquide est refroidi rapidement par divers procédés, avant d'arriver dans les cuves où il subira la fermentation alcoolique. (Il est nécessaire que le liquide soit refroidi rapidement, car de 25 à 30°, il se charge de germes qui altéreraient rapidement la bière.)

FIG. 28. — Fleurs de houblon.

4° *Fermentation.* — Dans les cuves à fermentation, le liquide est additionné de levure provenant d'une opération antérieure, et il est maintenu à une température de 2 à 8° pour les bières anglaises, et de 10 à 20° pour les bières allemandes. La levure augmente considérablement de volume et forme à la surface du liquide une mousse que l'on recueille et que l'on comprime dans des sacs, quand la fermentation est terminée. Quant au liquide, il est soutiré dans des tonneaux où la fermentation s'achève.

Pour éviter que la bière reçoive de l'air des ferments étrangers qui nuiraient à sa conservation, on en opère à l'abri de l'air tous les transports (mise en tonneaux, mise en bouteilles, etc.).

115. Composition de la bière.

La bière contient de 2 à 8 0/0 d'alcool, des matières albuminoïdes, des matières grasses, des sels minéraux, etc. Aussi est-elle très nourrissante en même temps que rafraîchissante. Elle est très altérable, à cause des ferments qu'elle contient et qui se développent quand la fermentation alcoolique est achevée. Pour l'empêcher de s'altérer, on peut la pasteuriser, comme le vin ; mais ce procédé ne convient pas à toutes les bières, dont il modifie le goût.

FABRICATION DES ALCOOLS

116. Origine.

Les alcools diffèrent surtout des boissons fermentées en ce qu'ils renferment une moins grande proportion d'eau. On peut donc les obtenir par distillation de ces boissons (vin, cidre, bière). Mais, depuis longtemps, cette source d'alcool est insuffisante pour les besoins de la consommation. On s'est alors adressé non seulement à des produits renfermant de l'alcool tout fabriqué, mais surtout à des matières capables d'être transformées en alcool. Ce sont principalement :

1° Les fruits (cerises, prunes, pommes, etc.), le marc de raisin, les mélasses, les jus des betteraves, renfermant du *glucose* ou du *saccharose* ;

2° Les graines de céréales, les tubercules de pommes de terre, dont la *matière amylacée* est capable de se transformer en sucre et, par suite, en alcool.

La fabrication des alcools comprend donc au plus quatre opérations :

1° Transformation de l'amidon en sucre fermentescible ;

2° Fermentation alcoolique du sucre ;

3° Distillation du liquide obtenu, pour avoir l'alcool plus concentré ;

4° Rectification de l'alcool, pour le séparer des produits étrangers (alcools supérieurs et aldéhydes), avec lesquels il est mélangé et qui sont très toxiques.

117. Fabrication de l'alcool.

S'il s'agit d'alcool de grains ou de pommes de terre, on commence par transformer l'amidon en sucre, soit au moyen des acides étendus, soit, le plus souvent, par la diastase de l'orge germée.

Quelle qu'en soit la provenance, le jus sucré est ensuite additionné de levure de bière et soumis à la fermentation.

Le liquide vineux obtenu est le **moût fermenté**, dont on isole l'alcool par distillation.

118. Distillation du liquide alcoolique.

Le moût, ainsi que les boissons fermentées, renferme de l'alcool dilué dans une grande quantité d'eau. Par distillation on peut concentrer le liquide : si, en effet, on le chauffe jusqu'à l'ébullition, les vapeurs qui se dégagent sont plus riches en alcool que le liquide employé, car l'alcool est plus

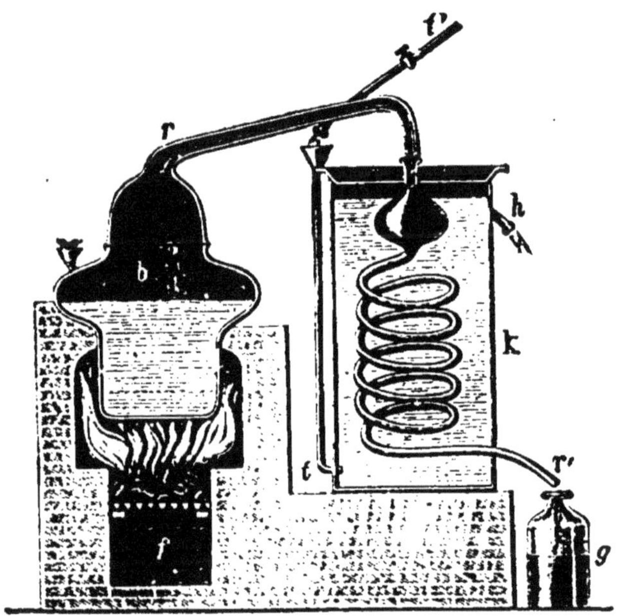

Fig. 29. — Alambic pour distillation.

volatil que l'eau (il bout à 78°). Si l'on condense ces vapeurs et qu'on soumette à une deuxième distillation le liquide obtenu, on recueille un mélange encore plus riche en alcool que le précédent, et ainsi de suite. Par distillations successives, on peut donc arriver à obtenir de l'alcool presque pur.

Autrefois la distillation se faisait dans un **alambic** ordinaire (*fig.* 29) et, pour avoir de l'alcool concentré, il fallait plusieurs opérations successives. Actuellement, on n'emploie plus l'alambic que dans les campagnes, pour la distillation des boissons fermentées et pour celle des moûts provenant des fruits.

Dans l'industrie, on emploie des appareils basés sur le même principe, mais construits de manière à produire plusieurs distillations successives dans une même opération ; ce sont des appareils continus, et ils sont très économiques.

119. Rectification des alcools.

Les produits de cette première distillation contiennent un grand nombre d'impuretés qui donnent un mauvais goût et une odeur désagréable aux alcools d'industrie, et qui leur communiquent des propriétés toxiques. Parmi ces produits se trouvent des corps plus volatils que l'alcool, particulièrement des aldéhydes (aldéhyde acétique, furfurol) et des corps moins volatils, formés par des alcools supérieurs (alcools propylique, butylique, etc.). On débarrasse l'alcool de ces produits au moyen d'une deuxième distillation ou rectification.

Dans la rectification, on recueille d'abord les *produits de tête*, riches en aldéhydes ; puis les alcools *bon goût* formés presque uniquement d'alcool éthylique et d'eau : et enfin les *alcools de queue*, riches en alcools supérieurs. Les premiers et les derniers servent pour l'éclairage et le chauffage et pour la fabrication des vernis. Les alcools bon goût sont principalement utilisés pour la fabrication des eaux-de-vie et des liqueurs ; les eaux-de-vie s'obtiennent en ajoutant de l'eau jusqu'à ce que les alcools marquent 40 à 50° à l'alcoomètre Gay-Lussac. Pour les liqueurs, on ajoute en outre des essences diverses, provenant souvent de végétaux ; elles sont presque toujours très toxiques.

TABLEAU MONTRANT LES RELATIONS ENTRE LES PRINCIPAUX CORPS DE LA SÉRIE GRASSE

CARBURES	ALCOOLS	ALDÉHYDES	ACIDES	ÉTHERS-SELS	ÉTHERS-OXYDES
On passe d'un carbure au suivant en remplaçant H par CH^3	On remplace 1, 2, 3, ... H du carbure par 1, 2, 3, ... (OH)	On enlève 2H à l'alcool	On ajoute O à l'aldéhyde	On remplace OH par un radical acide	On enlève 1 molécule d'eau à 2 molécules d'alcool
Méthane : CH^4 ou $H\text{-}CH^3$	Alcool méthylique : CH^3OH ou $H\text{-}CH^2OH$	Aldéhyde formique : $H\text{-}CHO$	Acide formique : $H\text{-}COOH$	Chlorure de méthyle : $CH^3\text{-}Cl$	Oxyde de méthyle : $\begin{matrix} CH^3 \\ CH^3 \end{matrix} > O$
Éthane : C^2H^6 ou $CH^3\text{-}CH^3$	Alcool éthylique : C^2H^5OH ou $CH^3\text{-}CH^2OH$	Aldéhyde éthylique : CH^3CHO	Acide acétique : $CH^3\text{-}COOH$	Chlorure d'éthyle : C^2H^5Cl	Éther ordinaire : $\begin{matrix} C^2H^5 \\ C^2H^5 \end{matrix} > O$
Propane : C^3H^8 ou $CH^3\text{-}CH^2\text{-}CH^3$	Glycérine : $C^3H^5(OH)^3$ ou $CH^2OH\text{-}CHOH\text{-}CH^2OH$			Corps gras Nitroglycérine	

CHAPITRE XI

AMINES

ANILINE. — MATIÈRES COLORANTES TEINTURE

PLAN

I. — Amines

I Définition
- Résultent de la substitution d'un radical *alcool* ou *phénol* à l'hydrogène de l'*ammoniaque*.
  Ex. : éthylamine : $AzH^2-C^2H^5$.
- Ce sont des **bases**, d'où le nom d'*ammoniaques composées* qu'on leur donne aussi.

II Principales amines
- Aniline.
- Toluidine.

1° Aniline

Correspond au phénol et à la **benzine**. *Formule* : $AzH^2-C^6H^5$.

I Préparation
- On réduit la nitrobenzine par un corps hydrogénant.

II Propriétés
- Liquide huileux. Odeur désagréable. Saveur brûlante.
- Donne des sels avec les acides.
- Peut être oxydée et donner diverses matières colorantes.

III Usages
- Base de toutes les *couleurs d'aniline*, très nombreuses, utilisées en teinture.

II. — Matières colorantes et teinture

I Matières colorantes
- *naturelles*
  - règne animal : cochenille.
  - règne végétal : indigo, campêche, orseille.
- *artificielles*
  - 1° dérivées des **phénols** : acide picrique, coralline, etc.
  - 2° dérivées de **l'aniline** et des **toluidines** : couleurs d'aniline : violets, bleus, verts, noirs, etc.
  - 3° **alizarine**.

II Procédés de teinture
- par simple *immersion* (acide picrique, fuchsine).
- par *mordançage* : couleurs azoïques, cochenille, etc.

AMINES

120. Il existe un certain nombre de corps appelés amines, qui peuvent être regardés comme *résultant de la substitution d'un radical alcool ou phénol à l'hydrogène de l'ammoniaque.*

Ainsi, à l'alcool éthylique $C^2H^5(OH)$, correspond l'*éthylamine* $AzH^2—C^2H^5$. Un atome d'hydrogène de l'ammoniaque a été remplacé par une fois le radical éthyle C^2H^5. On peut avoir avec l'alcool éthylique 2 autres éthylamines, en remplaçant 2 ou 3 atomes d'hydrogène de l'ammoniaque par 2 ou 3 fois le radical éthyle.

De même, au phénol ordinaire $C^6H^5(OH)$, correspond l'amine $AzH^2—C^6H^5$, qui est l'*aniline* : 1 atome d'hydrogène de l'ammoniaque a été remplacé par une fois le radical phényle C^6H^5, etc.

Toutes les amines ont une propriété commune : leurs solutions sont **basiques**. Elles donnent des sels avec les acides et peuvent être déplacées par d'autres bases. Aussi les appelle-t-on souvent *ammoniaques composées*.

La plus importante est l'aniline.

ANILINE

Formule : $C^6H^5AzH^2$

121. L'*aniline* correspond au phénol $C^6H^5(OH)$ et par suite à la benzine C^6H^6.

122. Préparation industrielle.

L'aniline se prépare industriellement à l'aide de la **nitrobenzine**, dont nous allons d'abord étudier la fabrication industrielle. La **nitrobenzine** s'obtient en versant peu à peu 1 partie de benzine dans un mélange refroidi de

2 parties d'acide azotique pour une d'acide sulfurique ; le produit est ensuite versé dans l'eau froide, et la nitrobenzine obtenue est lavée à plusieurs reprises. C'est un liquide huileux, jaunâtre, d'une odeur d'amandes amères qui le fait employer dans la parfumerie grossière pour remplacer l'essence d'amandes amères (aldéhyde benzoïque); on l'appelle alors *essence de mirbane.*

La presque totalité de la nitrobenzine est transformée en aniline. Il suffit pour cela de la **réduire** par un corps hydrogénant :

$$\underset{\text{nitrobenzine}}{C^6H^5\text{—}AzO^2} + \underset{\text{hydrogène}}{6\,H} = \underset{\text{aniline}}{C^6H^5\text{—}AzH^2} + \underset{\text{eau}}{2\,H^2O}.$$

Dans de grandes chaudières de fonte chauffées à la vapeur et munies d'un agitateur mécanique, on introduit un mélange de nitrobenzine, de tournure de fonte et d'acide chlorhydrique étendu. L'acide chlorhydrique attaque la fonte et donne de l'hydrogène qui transforme la nitrobenzine en aniline. Une partie de l'aniline formée se combine à l'acide chlorhydrique en excès: on décompose par la chaux le chlorhydrate formé. On décante pour séparer l'aniline qui surnage et on distille dans le vide.

123. Propriétés et usages.

L'aniline est un liquide huileux, incolore, qui brunit à l'air en s'oxydant. Elle a une odeur désagréable, une saveur brûlante, et elle est très toxique : ses vapeurs sont particulièrement dangereuses. Elle est peu soluble dans l'eau, soluble dans l'alcool et l'éther. Comme toutes les amines, elle se combine avec les acides en donnant des sels; ces derniers sont cristallisés, et ils ont des propriétés chimiques analogues aux sels ammoniacaux (chlorhydrate d'aniline, sulfate, etc.).

Certains sels métalliques, certains réducteurs, et un grand nombre d'oxydants forment avec l'aniline des matières colorantes d'un grand pouvoir tinctorial et d'une grande variété (§ 126). Aussi sont-elles fort employées en teinture; c'est ce qui donne à l'aniline sa grande importance industrielle : on en fabrique chaque année en Europe des centaines de millions de kilogrammes.

MATIÈRES COLORANTES ET TEINTURE

124. *Teindre* une étoffe, c'est fixer sur elle la matière colorante, de telle sorte que les procédés mécaniques, frottement, lavage ne puissent l'enlever ensuite. Toutes les couleurs ne résistent pas également à l'action de l'air, de la lumière et des lavages : les couleurs de *grand teint* sont très résistantes (indigo, alizarine); les couleurs de *petit teint* sont plus ou moins altérables par ces divers agents (couleurs d'aniline).

MATIÈRES COLORANTES

125. Les substances employées en teinture sont extrêmement nombreuses. Pendant longtemps on n'a employé que les matières colorantes naturelles, extraites des tissus animaux et végétaux.

Leur usage tend de plus en plus à disparaitre. Les seules encore employées actuellement sont : la *cochenille*, d'origine animale; l'*indigo*, le *campêche* et l'*orseille*, d'origine végétale. Le principe colorant de la garance, l'*alizarine*, n'est plus extrait des racines de cette plante, depuis qu'on a trouvé le moyen de le fabriquer artificiellement.

126. Matières colorantes artificielles.

On emploie en teinture un nombre considérable de matières colorantes artificielles. Quelques-unes sont fournies par la chimie minérale (bleu de Prusse, vert de Schweinfurt). La presque totalité est d'origine organique et s'obtient à partir des goudrons de houille.

Matières dérivant de l'aniline et des toluidines. — Ce sont toutes les couleurs dites *couleurs d'aniline*.

On les prépare au moyen de l'aniline et de la toluidine qu'on oxyde. La **toluidine** est une amine correspondant au toluène, carbure homologue du benzène, de formule brute C^7H^8. Il se forme de la **rosaniline,** corps cristallisé, incolore, presque insoluble dans l'eau, un peu soluble dans l'alcool.

La rosaniline est la base de presque toutes les couleurs d'aniline : ainsi, la **fuchsine** est du chlorhydrate de rosaniline, qui se présente en cristaux d'un beau vert mordoré, d'un grand pouvoir tinctorial ; la dissolution est rouge cramoisi et teint la soie par simple immersion.

De la rosaniline dérivent un grand nombre d'autres matières colorantes qui renferment les radicaux méthyle, éthyle, phényle. Ainsi les **violets Hofmann** s'obtiennent en chauffant la rosaniline avec de l'iodure ou du chlorure de méthyle ou d'éthyle. Par d'autres procédés, on obtient le **violet de Paris,** d'une couleur très riche ; le **violet impérial** ; les **bleus** d'aniline (bleu de Lyon) ; les **verts** d'aniline (vert lumière, vert malachite) ; les **bruns** et même les **noirs** d'aniline.

On obtient donc avec l'aniline une grande quantité de teintes et de nuances dans chaque teinte. Ces matières colorantes ont toutefois perdu de leur importance depuis que l'on fabrique des couleurs azoïques.

Alizarine. — L'alizarine est la principale matière colorante contenue dans la garance. On la prépare actuellement à l'aide de l'**anthracène,** carbure d'hydrogène obtenu dans la distillation des huiles lourdes des goudrons de houille (entre **200** et **240°** passe la naphtaline ; au delà de **300°** passe l'anthracène). On emploie surtout l'alizarine pour teindre en rouge (pantalons de soldats).

DIVERS PROCÉDÉS DE TEINTURE

127. Conditions pour que les matières colorantes se fixent.

1° Il faut d'abord que les fibres textiles aient été débarrassées au préalable de toutes les matières qui empêcheraient la couleur de se combiner à la fibre : matières grasses, résines, etc. On arrive à ce résultat par des lavages à l'eau et au carbonate de sodium ;

2° Il est nécessaire que la matière colorante soit soluble au moment où elle est en contact avec le tissu ; sans quoi elle n'imprégnerait pas l'étoffe et serait enlevée par le frottement. On l'emploie donc dissoute dans l'eau, dans un acide (indigo bleu), dans un alcali ; ou bien on la transforme en un corps soluble, on plonge l'étoffe dans la dissolution, et par une autre opération, on régénère la matière colorante insoluble (transformation de l'indigo bleu en indigo blanc);

3° Il faut que la matière colorante devienne insoluble quand elle a imprégné le tissu, afin que les lavages ne l'enlèvent pas.

Quelques couleurs seulement remplissent la dernière condition : elles se fixent directement sur le tissu en donnant un composé insoluble. Le plus souvent, il est nécessaire d'employer un corps intermédiaire ou **mordant**, qui fixe la couleur sur l'étoffe.

Il y a donc deux procédés généraux de teinture.

128. Teinture par simple immersion.

Pour teindre la soie par la fuchsine ou l'acide picrique, il suffit de la plonger dans une dissolution de ces corps. Pour teindre le coton en bleu indigo, il suffit de l'immerger dans une cuve d'indigo, puis de le laisser à l'air.

Quelquefois on emploie plusieurs bains successifs contenant des corps capables de réagir les uns sur les autres, en donnant une matière colorante : ainsi, on teint en bleu de Prusse en plongeant l'étoffe dans un bain de ferrocyanure de potassium, puis dans un sel ferrique. Pour teindre en noir, on peut plonger le tissu successivement dans une dissolution d'acétate de fer et dans une décoction de noix de galle ; en laissant ensuite l'étoffe à l'air, la couleur noire se développe et devient insoluble.

129. Teinture par mordançage.

C'est le procédé le plus employé. On imprègne le tissu d'un **mordant,** c'est-à-dire d'un corps capable de se combiner à la matière colorante en donnant un composé insoluble ou **laque,** qui reste fixé sur l'étoffe.

Les corps capables de former des laques avec les matières colorantes sont des **hydrates** et des **oxydes métalliques** : alumine, bioxyde d'étain, hydrate ferrique, hydrate de cuivre, etc.

La teinture par mordançage comprend donc deux opérations :

1° Tremper l'étoffe dans une dissolution du mordant ;

2° Plonger le tissu mordancé dans le bain de matière colorante. Quelquefois on mêle le mordant à la dissolution de la matière colorante, et la teinture se fait dans une même opération (tissus de laine et de soie).

Pour effectuer la première opération, il faut disposer d'un mordant soluble ; or les oxydes et les hydrates métalliques sont en général insolubles. On est donc obligé d'employer, au lieu de l'hydrate, un de ses sels solubles. On se sert surtout des **acétates,** des **chlorures,** des **tartrates,** c'est-à-dire de sels dont les acides sont faibles et cèdent facilement l'hydrate avec lequel ils sont combinés ; les sulfates, employés quelquefois (aluns), se décomposent plus difficilement.

On teint par mordançage avec l'alizarine, la cochenille, les matières azoïques, etc.

Avantages du mordançage. — Dans la teinture par mordançage, on peut faire varier les nuances à volonté avec le même bain de teinture ; il suffit de faire varier le *mordant*. Ainsi, la cochenille teint en rouge écarlate avec un sel d'étain ; en cramoisi avec l'alun ; en gris, violet ou noir grisâtre avec les sels de fer. L'alizarine teint en rouge ou rose avec l'alumine : en rouge ponceau avec les sels d'étain ; en violet ou noir avec les sels de fer, etc.

130. Expériences. — *Préparation de la nitrobenzine.* — On pourra en transformer une petite quantité en aniline en la chauffant dans un tube à essai avec de l'acide acétique et de la limaille de fer. — Le produit huileux obtenu se dissout dans l'eau qui prend une coloration violette caractéristique si l'on ajoute de l'hypochlorite de calcium.

Montrer des couleurs d'aniline. — Teindre des fils de soie blanche en les plongeant dans la fuchsine.

CHAPITRE XII

ALCALOÏDES

Plan

I Propriétés générales	Composés azotés, **basiques**. Amers, peu solubles dans l'eau, plus solubles dans l'alcool. Poisons souvent violents. Quelques-uns servent en médecine. Existent presque tous dans les végétaux, à l'état de **sels**.
II Procédés généraux d'extraction des alcaloïdes végétaux	1° *Cas des sels insolubles :* on les transforme en un sel soluble (chlorhydrate), qu'on décompose par la chaux. 2° *Cas des sels solubles :* on épuise végétal par l'eau, et on décompose sel dissous par potasse ou soude
III Principaux alcaloïdes végétaux	1° Alcaloïdes des papavéracées : *morphine* (opium), *codéine* (id.). 2° Alcaloïdes des quinquinas : *quinine*. 3° Alcaloïdes des solanées : *nicotine* (tabac), *atropine* (belladone). 4° Alcaloïdes des ombellifères : cicutine (ciguë). 5° Alcaloïdes des strychnées : strychnine (noix vomique). 6° Autres alcaloïdes : cocaïne, caféine, émétine.
IV Principaux alcaloïdes animaux	Ptomaïnes (tissus morts). Leucomaïnes (tissus vivants).

ALCALOÏDES

131. Propriétés générales.

On donne le nom d'*alcaloïdes* ou *alcalis organiques naturels* à des composés azotés qui proviennent surtout des végétaux et qui possèdent des propriétés **basiques** : ils bleuissent le tournesol et verdissent le sirop de violettes ; ils se combinent avec les acides pour donner des sels parfaitement définis; ils peuvent être chassés de leurs sels par des bases (potasse, soude, chaux, etc.). Toutes ces propriétés les font souvent réunir avec les amines dans un même groupe, celui des *alcalis organiques*.

Les alcaloïdes sont tous amers, peu solubles dans l'eau, plus solubles dans l'alcool. Ce sont en général des poisons violents, qui, à faible dose, déterminent la mort. Le pavot, le tabac, la belladone, la ciguë et beaucoup d'autres plantes, doivent leurs propriétés toxiques aux alcaloïdes qu'ils renferment. Employés à faible dose, quelques-uns d'entre eux ont des propriétés thérapeutiques, qui permettent de les employer en médecine (quinine, morphine, etc.).

Les alcaloïdes peuvent se diviser en deux groupes : ceux qui ne renferment que du carbone, de l'hydrogène et de l'azote; ils sont liquides et volatils, et on en connaît très peu (nicotine du tabac, cicutine de la ciguë) ; ceux qui renferment en outre de l'oxygène ; ils sont solides et non volatils, et ce sont les plus nombreux (morphine, quinine, atropine, etc.).

132. Extraction.

Les alcaloïdes n'existent pas à l'état libre dans les végétaux ; ils sont en général combinés avec des acides ou avec des tanins. On les extrait par des procédés différents, suivant qu'ils sont à l'état de sels insolubles ou de sels solubles. Dans le premier cas, on transforme le sel insoluble en sel soluble ; à cet effet, on épuise la plante par l'acide chlorhydrique étendu qui forme avec l'alcaloïde un *chlorhydrate soluble*. Puis on décompose ce sel par la chaux; elle chasse l'alcaloïde qu'on dissout dans l'alcool et qu'on recueille par évaporation.

Dans le second cas, on épuise le végétal par l'eau et on déplace l'alcaloïde de son sel par la potasse ou la soude. Puis on le purifie par dissolution dans l'alcool.

Les alcaloïdes sont nombreux : nous n'étudierons que les plus importants.

133. Alcaloïdes végétaux.

1° *Alcaloïdes des papavéracées.* — Lorsqu'on fait des incisions sur des capsules encore vertes de pavot blanc (*fig.* 30), il s'écoule un suc laiteux qui se dessèche et s'épaissit à l'air, en donnant une matière brune qu'on appelle l'*opium*. L'opium a une odeur désagréable et une saveur amère ; à forte dose, c'est un poison violent ; à faible dose, il agit comme soporifique ([1]). Ses propriétés sont dues aux alcaloïdes qu'il renferme à l'état de sels, et dont les plus importants sont : la **morphine** et la **codéine.**

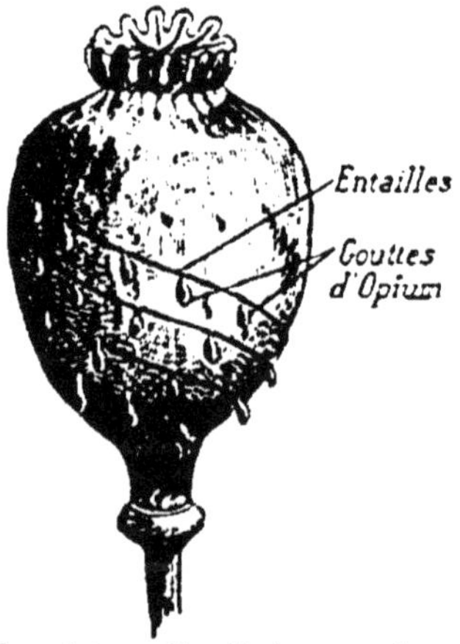

FIG. 30. — Fruit du pavot sur lequel on a fait des incisions.

La **morphine** s'obtient en épuisant l'opium par l'eau froide, puis en précipitant l'alcaloïde à l'aide du carbonate de sodium. C'est un solide cristallisé, blanc, d'une saveur amère. Elle est peu soluble dans l'eau, plus soluble dans l'alcool. Ses sels sont solubles dans l'eau, ce qui les fait employer en médecine à l'état de dissolution. On utilise particulièrement le chlorhydrate de morphine cristallisé en longues aiguilles soyeuses ; il sert de calmant, comme la morphine, et s'emploie le plus souvent en injections sous-cutanées. A forte dose, la morphine est, comme l'opium, un poison violent.

La **codéine,** extraite aussi de l'opium, est employée

([1]) Le laudanum de Sydenham est une préparation à base d'opium, obtenue en faisant macérer de l'opium, du safran, de la cannelle et des girofles dans du vin de Malaga. Il sert de calmant à la dose de 6 à 10 gouttes dans une infusion chaude.

comme calmant dans les affections des voies respiratoires.

2° *Alcaloïdes des quinquinas.* — Les *quinquinas* ou *cinchonas* (Rubiacées) sont des arbres cultivés dans l'Amérique du Sud, à Java et dans les Indes anglaises. Leur écorce a des propriétés fébrifuges et toniques dues à divers alcaloïdes (quinine, cinchonine). Le principal est la **quinine**.

La **quinine** se retire de l'écorce des quinquinas au moyen de l'acide chlorhydrique étendu (premier procédé d'extraction des alcaloïdes). C'est une poudre blanche, inodore, très amère, très peu soluble dans l'eau. On l'emploie surtout à l'état de sulfate basique, sel blanc cristallisé en aiguilles minces et longues, d'une saveur très amère. Le sulfate de quinine sert comme fébrifuge, à la dose de 25 centigrammes à 1 gramme; il produit des bourdonnements d'oreilles et des troubles de la vision. Il devient dangereux lorsqu'on l'absorbe à forte dose.

3° *Alcaloïdes des solanées.* — La **nicotine** est contenue dans les feuilles du tabac. C'est un liquide huileux, incolore, mais qui brunit à l'air, doué d'une odeur pénétrante. Elle est très toxique et agit surtout sur les centres nerveux; 15 à 30 centigrammes suffisent pour déterminer la mort. C'est à elle que le tabac doit ses propriétés narcotiques.

FIG. 31. — Rameau de belladone.

L'**atropine** est l'alcaloïde contenu dans la belladone, plante des bois à feuilles ovales, à fleurs violacées, à baies de la grosseur d'un grain de raisin, d'abord vertes, puis rouges et enfin presque noires (*fig.* 31). Le fruit est très vénéneux; c'est de la racine pulvérisée qu'on extrait l'atropine.

Cet alcaloïde est un poison violent. Il sert, à l'état de sulfate, dans les maladies et les opérations chirurgicales des yeux, grâce à sa propriété de dilater rapidement et énergiquement la pupille.

4° *Alcaloïdes des ombellifères.* — La grande ciguë renferme un alcaloïde, la **cicutine,** qui est très toxique : 1 décigramme suffit à paralyser les muscles et cause la mort par asphyxie.

5° *Alcaloïdes des strychnées.* — La **strychnine** est un alcaloïde contenu dans la noix vomique, graine d'un arbre des Indes et de l'île de Ceylan. C'est un poison extrêmement violent qui, à la dose de 2 centigrammes, amène la mort en produisant le tétanos. On l'emploie, à dose minime, pour stimuler l'appétit et exciter les fonctions digestives.

6° *Autres alcaloïdes.* — La **cocaïne** se retire des feuilles d'un arbuste de l'Amérique du Sud, le coca (Linacée). Elle est tonique à dose très faible ; à forte dose, c'est un poison. Elle est surtout employée comme anesthésique local (maladies des yeux, extraction des dents).

La **caféine** ou **théine** est l'alcaloïde du café et du thé ; elle existe aussi dans la noix de la kola. Elle stimule les fonctions de circulation et excite le système nerveux.

L'**émétine** est l'alcaloïde de l'ipécacuanha, employée comme vomitif (*ipéca*).

134. Alcaloïdes animaux.

La putréfaction des matières organiques animales produit des alcaloïdes désignés sous le nom de **ptomaïnes** ; ces produits sont assez nombreux et peu connus. Ce sont des poisons violents, dont quelques-uns peuvent amener la mort à la dose de quelques milligrammes. De là le danger d'absorber des aliments en voie de décomposition : gibier faisandé, viandes avariées, charcuterie faite avec des viandes gâtées, etc. La cuisson ne suffit pas à détruire complètement les ptomaïnes de ces aliments.

Des alcaloïdes analogues aux ptomaïnes peuvent se former dans l'organisme pendant la vie; on les appelle **leucomaïnes.** Normalement les leucomaïnes sont éliminées par les reins; mais on conçoit qu'elles peuvent devenir dangereuses si, au lieu d'être éliminées, elles s'accumulent dans les tissus.

Tours. — Imp. Deslis Frères, 6, Rue Gambetta.

www.ingramcontent.com/pod-product-compliance
Ingram Content Group UK Ltd.
Pitfield, Milton Keynes, MK11 3LW, UK
UKHW051020210726
13857UKWH00007B/627